PHOTOSHOP CC

摄影后期必备技法

耿洪杰 著

中国摄影出版社
China Photographic Publishing House

PHOTOSHOP CC
摄影后期必备技法

目 录

Chapter 1
Adobe Photoshop CC 的 10 种基本功能

01 图层面板 5
02 调整图层 6
03 图层蒙版 7
04 色阶修正 9
05 曲线调整 13
06 色相 / 饱和度 18
07 色彩平衡 20
08 可选颜色 22
09 修复工具 24
10 画笔工具 27

Chapter 2
室内人像修图实战技巧

01 中国风情 37
——时尚妆容照片的处理
02 粉妆玉琢 50
——私房粉嫩照片的处理
03 朝花夕拾 60
——舞台剧照图像的处理
04 炫彩写真 66
——写真风格照片的处理
05 台球魅影 74
——黑白人像照片的处理

Chapter 3
室外人像修图实战技巧

01 都市夜魅 81
——夜景人像照片的处理
02 艳彩十分 90
——天台场景照片的处理
03 春色满园 98
——花园场景照片的处理
04 萌动寂语 104
——思绪情感照片的处理
05 欲望危机 112
——性感狂野照片的处理

Chapter 4
风光摄影修图实战技巧

01 西江苗寨 121
——民俗建筑照片的处理
02 水天一色 128
——江河照片的处理
03 童话王国 134
——雪乡照片的处理
04 蜿蜒盘旋 140
——沙漠照片的处理
05 大气磅礴 146
——雪山照片的处理

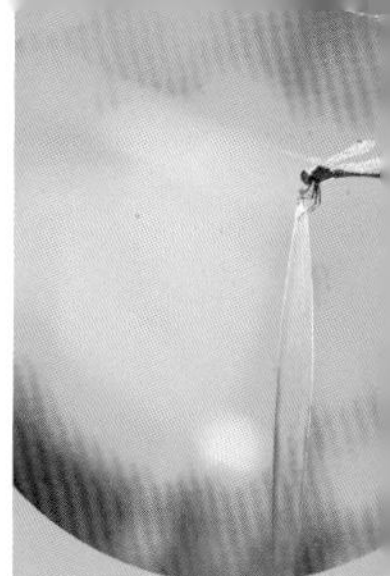

Chapter 5
夜景与建筑摄影修图实战技巧

01 故宫角楼 153

——夜景建筑照片的处理

02 奥运鸟巢 162

——都市夜景照片的处理

03 威武雄狮 168

——古代建筑照片的处理

04 华丽都市 176

——现代建筑照片的处理

05 天坛魅影 180

——建筑艺术照片的处理

Chapter 6
植物与生态摄影修图实战技巧

01 亭亭玉立 185

——荷花照片的处理

02 一枝独秀 190

——桃花照片的处理

03 韵律之美 196

——树木照片的处理

04 鹤骨松筋 202

——雪松照片的处理

05 蜻蜓展翅 208

——昆虫照片的处理

Chapter 1

Adobe Photoshop CC 的 10 种基本功能

01 图层面板
02 调整图层
03 图层蒙版
04 色阶修正
05 曲线调整
06 色相／饱和度
07 色彩平衡
08 可选颜色
09 修复工具
10 画笔工具

01 图层面板

图层可以说是 Photoshop CC 的“灵魂载体”，图层就如同堆叠在一起的透明胶片，我们可以透过图层的透明区域看到下面的图层内容，也可以移动图层来定位图层上的内容等，而将全部图层上的内容信息堆叠在一起就组成了一个完整的图像。

什么是“图层”面板?

“图层”面板列出了图像中的所有图层、图层组和图层效果等。可以使用“图层”面板来显示和隐藏图层、创建新图层、处理图层组等，通过面板中相应的命令可访问其他命令选项。

要显示或隐藏“图层”面板，可执行“窗口 > 图层”命令，或者使用快捷键“F7”，即可打开“图层”面板。

① 面板选项卡：通过切换不同的选项卡可切换至不同面板，主要包括图层面板、通道面板、路径面板。

② 按钮扩展：单击该按钮，可在弹出菜单中执行“图层”面板的相关操作命令。

③“类型”选项：当文件中图层数量较多的时候，可以按照类型、名称、效果、模式、属性、颜色、选定的方式来选择一种图层类型。

④“设定图层混合模式”选项：用来设置当前图层的混合模式，使之与下层的图像产生混合。

⑤“不透明度”选项：用来设置当前图层的不透明度，使之与下层的图像产生透明效果。

⑥“锁定”选项：用来锁定当前图层的属性，主要包括透明像素、图像像素、位置及锁定全部属性。

⑦“填充”选项：用来设置当前图层的填充不透明度，与图层不透明度类似，但不会影响图层的效果。

⑧“图层显示”按钮：单击该按钮，可以显示或者隐藏图层。

⑨ 图层、图层组及图层蒙版的显示区域：用于排列图层、图层组、蒙版、图层效果等。在该区域可以显示图层中图像的缩览图、蒙版状态、图层样式、图层名称及图层链接方式等。

⑩“图层控制”按钮：包括“链接图层”按钮、“添加图层样式”按钮、“添加图层蒙版”按钮、“创建新的填充或调整图层”按钮、“创建新组”按钮、“创建新图层”按钮及“删除图层”按钮。

02 调整图层

什么是“调整图层”？

“调整图层”也属于图层的一种，它允许我们在独立图层上对画面进行调整，改变下方图层的效果，它比普通图层多了一个图层蒙版，方便我们做图像的局部处理。“调整图层”允许我们使用命令反复地修整画面，这同时也就意味着我们的背景图层永远不会被改动，这种方式被称为非破坏性调整。

“调整图层”的面板

“调整图层”在图层面板中作为单独的一个图层存在，单击“调整图层”便可以打开调整对话框进行各种命令参数的调整。

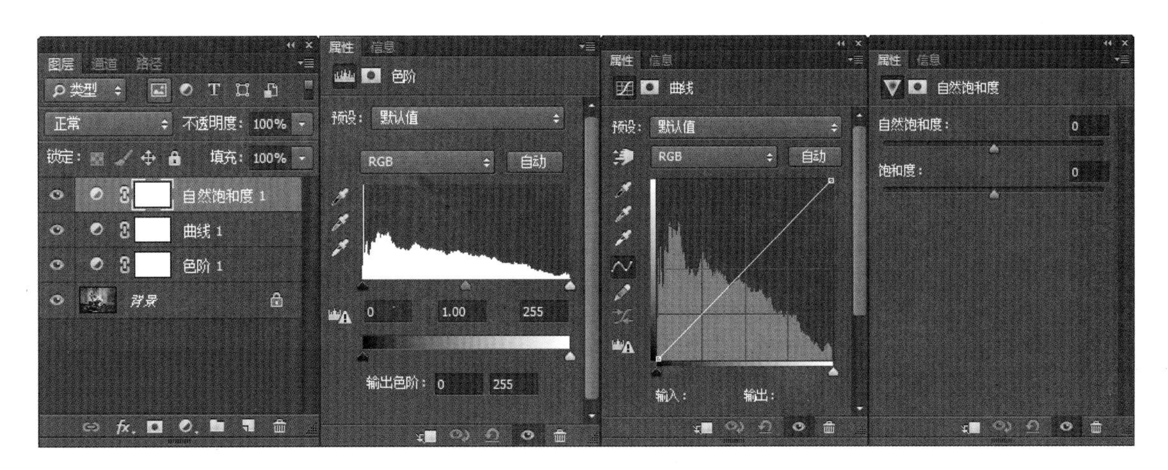

“调整图层”的建立方法

建立方法一：在“图层”菜单上选择“新建调整图层”命令。

建立方法二：在“调整”面板上直接选择命令“创建新的调整图层”。

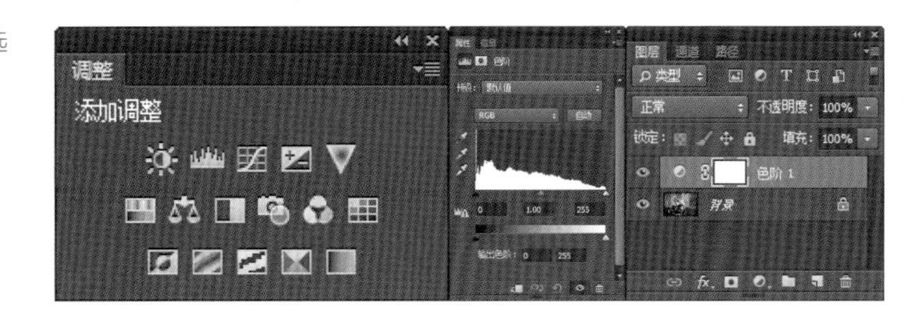

建立方法三：在“图层”面板下方选择“创建新的填充或调整图层”命令。

亮度/对比度...
色阶...
曲线...
曝光度...
自然饱和度...
色相/饱和度...
色彩平衡...
黑白...
照片滤镜...

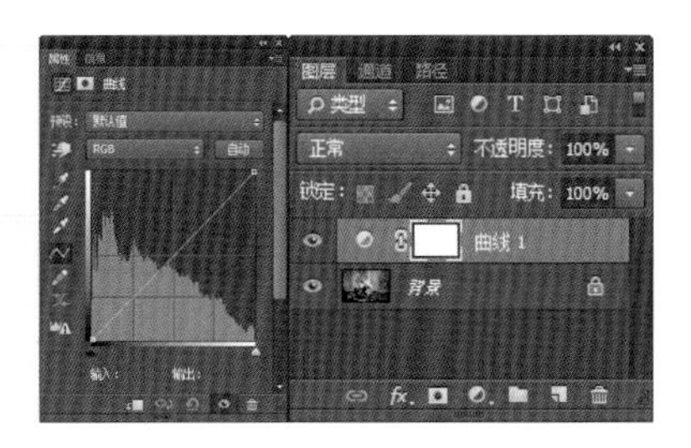

03 图层蒙版

什么是“图层蒙版”？

“图层蒙版”依附图层而存在，在我们摄影后期修图的过程中经常用到，通常使用“画笔工具”在蒙版上涂抹擦拭，可以只显示出需要被编辑的图像。

普通图层和调整图层的图层蒙版用法是一致的，只不过是调整图层本身就带一个蒙版，不需要我们再去添加蒙版。用黑色画笔来涂抹，代表透明；用白色画笔来涂抹，代表不透明。

“图层蒙版”的面板

这里主要演示两种“图层蒙版”，一种是普通图层的蒙版，一种是调整图层的蒙版。

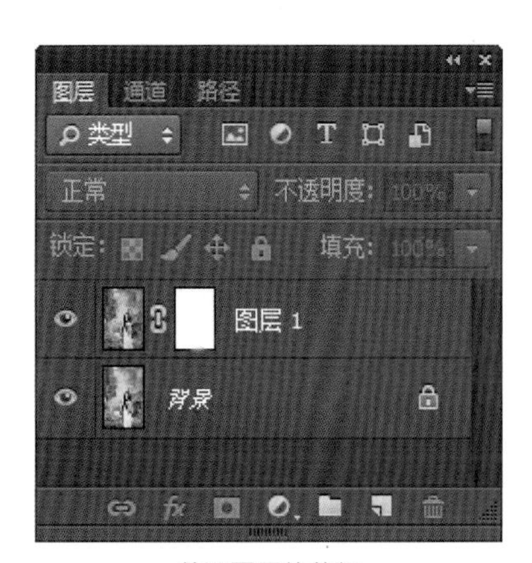

普通图层的蒙版

调整图层的蒙版

“图层蒙版”的建立方法

建立方法一：如果图层中没有选区，在“图层”面板上选择该图层，单击面板底部的“添加图层蒙版”按钮，为该图层创建“图层蒙版”。

建立方法二：如果图层中有选区，在“图层”面板上选择图层后，单击面板底部的“添加图层蒙版”按钮，选区内的图像被保留，而选区外的图像被隐藏，在蒙版上该区域显示为黑色。

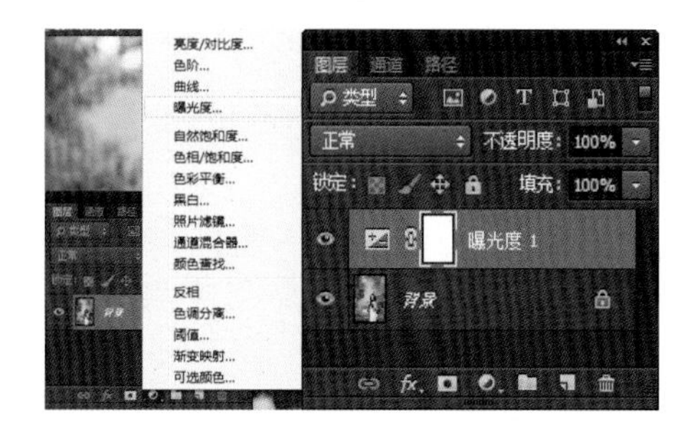

建立方法三：在“图层”面板下方选择“创建新的填充或调整图层”命令，在弹出的菜单中选择对应的调整图层命令，本身就会自带一个“图层蒙版”。

04 色阶修正

什么是“色阶修正”？

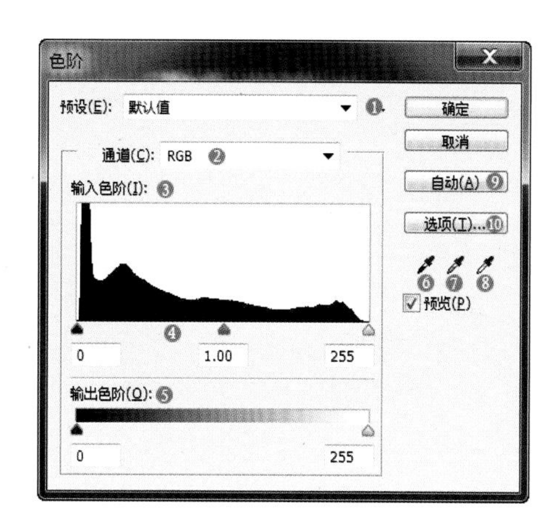

“色阶修正”是调整照片色阶的功能，它不但可以调整照片的影调，还可以调整照片的色彩，是 Photoshop CC 中最常用的图像调整命令之一。具体来说，它可以调整图像的阴影、中间调和高光的亮度级别，校正色温和色彩平衡。它的特点是具有色阶直方图，表明了一幅图像的明暗关系，在调整影调时可以清楚地看到整幅画面像素和色彩的分布情况，有助于我们更好地调色。掌握了色阶，就可以处理我们拍摄的所有照片。在很多情况下，执行色阶命令是进行后期处理的第一个步骤，在图像后期处理中起着不可替代的作用。

“色阶”的面板

打开一个图像，执行“图像 > 调整 > 色阶”命令，或者按快捷键“CTRL+L”，可以打开“色阶”对话框。

①“预设”选项：单击下拉菜单，在下拉菜单中选择“存储”命令，将当前的调整参数保存为一个预设文件，在以后处理同类型的图像时，可以直接选择使用，方便操作。

②“通道”选项：在下拉菜单中可选择要调整的通道，并对某一个通道进行细致的调整，而调整单独的通道会影响图像的颜色。

③“输入色阶”调整区：用来调整图像的阴影、中间调和高光区域。操作时，可直接拖动相对应的滑块来调整图像的对比度等，也可以直接在下方输入数值进行调整。向左移动滑块，可增加图像的亮度；向右移动滑块，可降低图像的亮度。

④ 高光、中间调、阴影：可分别在高光、中间调和阴影处移动滑块，对图像的三个部分分别进行调整。

⑤“输出色阶”选项：可分别限制图像的亮度范围，从而降低对比度，使图像呈现出褪色效果。

⑥“设置黑场”选项：选择此工具在图像中单击，并将单击的点设置为黑场，原图中比该点暗的像素将变为黑色。

⑦“设置灰点”选项：选择此工具在图像中单击，用单击的点的位置来调整其他中间色调的平均亮度，我们经常用此工具来校正偏色问题。

⑧“设置白场”选项：选择此工具在图像中单击，并将单击的点设置为白场，原图中比该点亮的像素都会变为白色。

⑨“自动”选项：选择此工具，可进行自动颜色校正。

⑩“选项”按钮：单击该按钮，可以打开“自动颜色校正选项”对话框，在对话框中可以进行相对应的调节。

“色阶修正”的基本用法

利用色阶调整图像的亮度和对比度，可以分别拖动阴影滑块、中间调滑块和高光滑块进行调节，现在就根据这三种调节方式产生的各种效果分别加以说明。

选择暗部区域的滑块向中间拖动，可以降低图像的亮度，增加图像的对比度。

选择高光区域的滑块向中间拖动，可以增加图像的亮度，提亮画面。

选择中间调区域的滑块向左拖动，同样可以增加图像的亮度，增加图像的对比度。

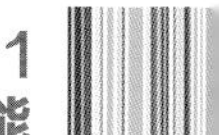

“色阶修正”的调色用法

利用色阶还可以调整图像的色调，我们将通过对每个通道的单独调节来改变图像的色调，下面就分别选择不同的通道来进行演示。

选中“红”通道，选择暗部区域的滑块向中间拖动，可以使图像偏向青色。

选中“红”通道，选择亮部区域的滑块向中间拖动，可以使图像偏向红色。

选中“绿”通道，选择暗部区域的滑块向中间拖动，可以使图像偏向洋红。

选中“绿”通道，选择亮部区域的滑块向中间拖动，可以使图像偏向绿色。

选中“蓝”通道，选择暗部区域的滑块向中间拖动，可以使图像偏向黄色。

选中“蓝”通道，选择亮部区域的滑块向中间拖动，可以使图像偏向蓝色。

依此方法以此类推，可以对各个通道联合起来调整，以显示各种不同风格的色调。

除了可以使用上述拖动滑块的方法调整色调外，也可以直接输入不同的数值来改变色调，原理同拖动滑块的方法相同，大家可以自行设置数值来调整尝试。

05 曲线调整

什么是“曲线调整”？

“曲线调整”主要是利用曲线工具，方便地调整图像的亮度、对比度和色调。掌握了曲线，就可以对图像进行很多处理，也可以用它来代替 Photoshop CC 所有的调色工具。可以说，它具有功能强大的图像调整系统和图像调色系统。

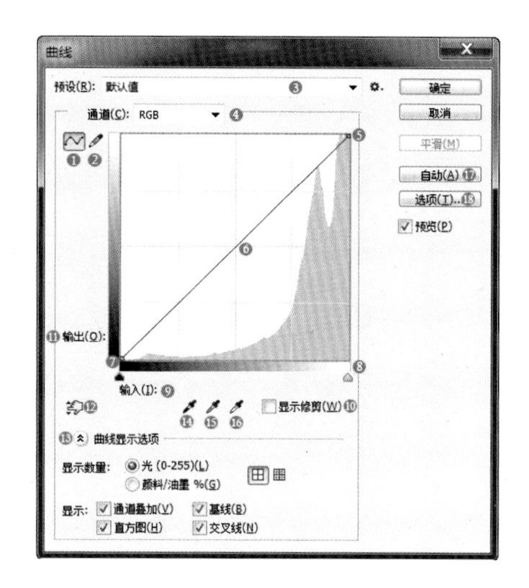

“曲线调整”的面板

打开一个图像，执行“图像 > 调整 > 曲线”命令，或者按快捷键“Ctrl+M”，打开“曲线”调整对话框。

① 点编辑模式：点编辑模式是曲线调整的默认模式，通过曲线上的控制点对画面影调进行调节。

② 绘制模式：按下“通过铅笔绘制修改曲线”按钮，在曲线上绘制自由曲线，绘制完成后，回到“通过添加点以修改曲线”按钮，在曲线上显示出刚绘制完成的控制点。

③“预设”选项：使用“曲线”命令提供的预设下拉菜单对画面进行快速调整。除了基本的明暗反差调整外，“预设”还提供了反冲与彩色负片等效果的选项；除了进行快速调整外，也能作为复杂调整操作的起点。

④“通道”选项：在下拉菜单中可选择要调整的通道进行调整，可以对某一个通道进行细致的调整，增强图像的各种效果。

⑤“高光”选项：在高光处单击，设置调节点，对图像的高光部分进行调整。

⑥“中间调”选项：在中间调处单击，设置调节点，对图像的中间调部分进行调整。

⑦“阴影”选项：在阴影处单击，设置调节点，对图像的阴影部分进行调整。

⑧ 黑场和白场滑块：拖动滑块可调整图像的整体亮度，右边的滑块使用 255 到 0 之间的值来调整高亮，左边的滑块使用 0 到 255 之间的值来调整阴影。

⑨“输入色阶”选项：“输入色阶”显示调整前的像素值。

⑩“显示修剪”选项：这个选项可以帮助我们轻松判断出画面中纯白或纯黑的溢出像素。选择顶端控制点观察高光部分，选择底端控制点观察阴影部分。

⑪“输出色阶”选项：“输出色阶”显示调整后的像素值。

⑫“手指图标”按钮：选择“手指图标”后，在画面中任意位置单击，即可在曲线中的对应影调处创建一个调整点，上下拖动鼠标，即能提亮或压暗该影调区域。另外在移动鼠标时，我们也能从曲线上观察到当前鼠标所指区域对应的影调范围。

⑬“曲线显示选项”：主要包括“显示数量”和“显示”两个选项，“显示数量”选项在默认状态下被设置为“光”，也可将其设置为“颜料 / 油墨”模式进行印刷前的检查；“显示”选项主要用于自定义“曲线”对话框的显示内容。

⑭“设置黑场”选项：选择此工具在图像中单击，并将单击的点设置为黑场，原图中比该点暗的像素将变为黑色。

⑮“设置灰场”选项：选择此工具在图像中单击，用单击的点的位置来调整其他中间色调的平均亮度，我们经常用此工具来校正偏色问题。

⑯“设置白场”选项：选择此工具在图像中单击，并将单击的点设置为白场，原图中比该点亮的像素都会变为白色。

⑰“自动”选项：单击“自动”按钮，可对图像进行“自动颜色”“自动对比度”和“自动色调”的校正。

⑱“选项”按钮：打开“自动颜色校正选项”对话框，设置自动调整算法。该按钮仅在“曲线”对话框中显示，在调整图层对应的“属性”面板中，需按住 Alt 键单击“自动”按钮打开“选项”对话框。

“曲线调整”的基本用法

曲线调整图像，可以在图像的整个色调范围内最多设置 14 个不同的点进行调整，也可以使用曲线对图像中的红、绿、蓝三个颜色通道进行单独精准的调整。

利用曲线调整，可以设置成 1、2、3、4 几个点。其中 1 个点可以改变影调明暗，2 个点可以控制图像反差，3 个点可以提高暗部层次，4 个点可以产生色调分离。现在就根据设置这几个点所产生的各种形状的曲线分别进行说明。

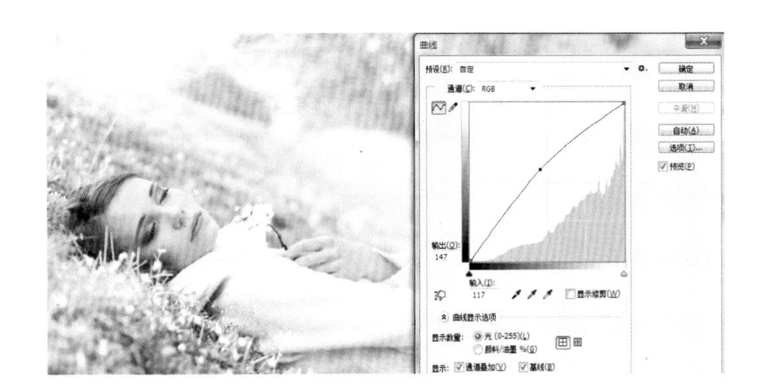

向上移动曲线，可以使图像整体变亮。

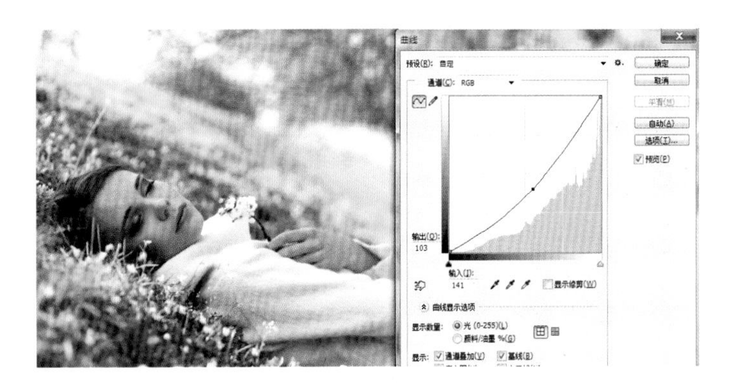

向下移动曲线，可以使图像整体变暗。

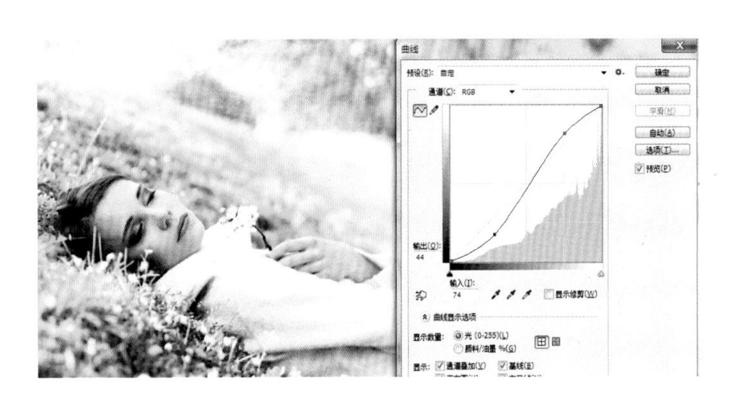

使用 2 个点可以将曲线设置成 S 形，使高光区变亮、阴影区变暗，提高图像的反差和图像的对比度。

将曲线设置成反 S 形，可以降低图像的反差和图像的对比度。

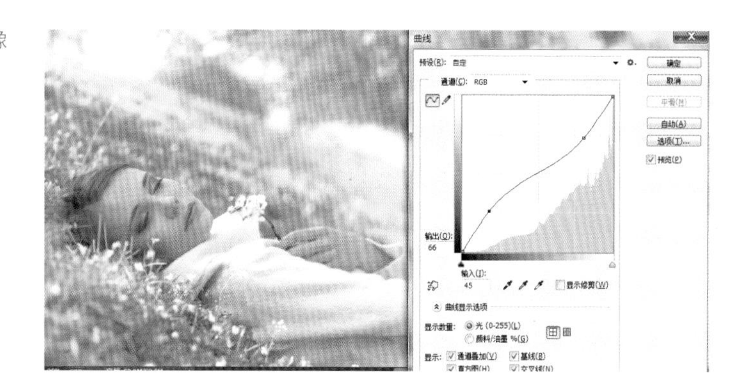

将曲线底部的点向上移动，阴影区域会变亮，使图像整体发灰的同时提高了图像的亮度。

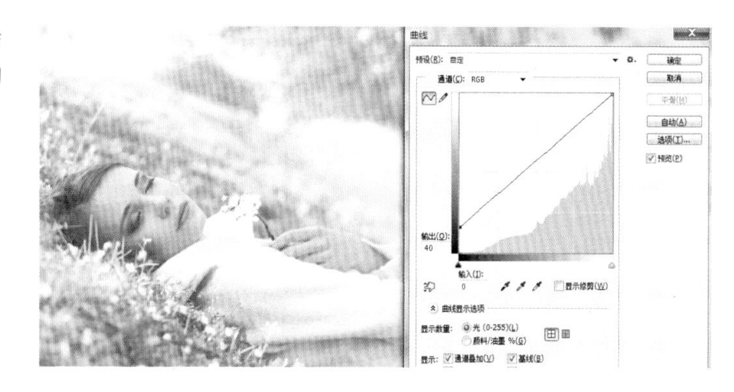

将曲线顶部的点向下移动，高光区域会变暗，使图像整体发灰的同时降低了图像的亮度。

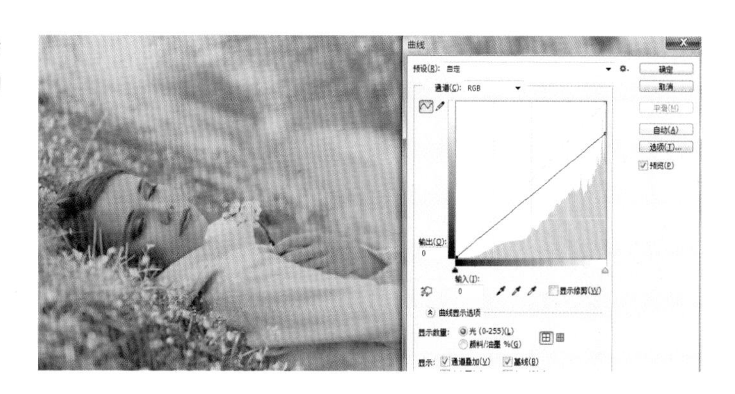

将曲线底部的点移动到最上面，将曲线顶部的点移动到最下面，可以出现反相效果。

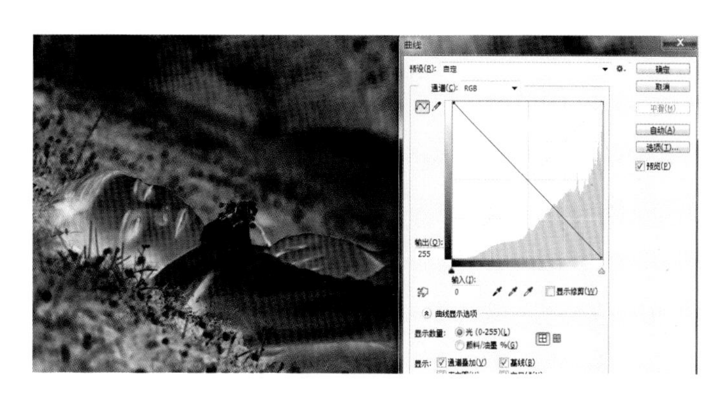

将曲线调整成双“V”字形，可以将部分图像反相。

将曲线的 4 个点设置成如图所示，可以产生色调分离的效果。

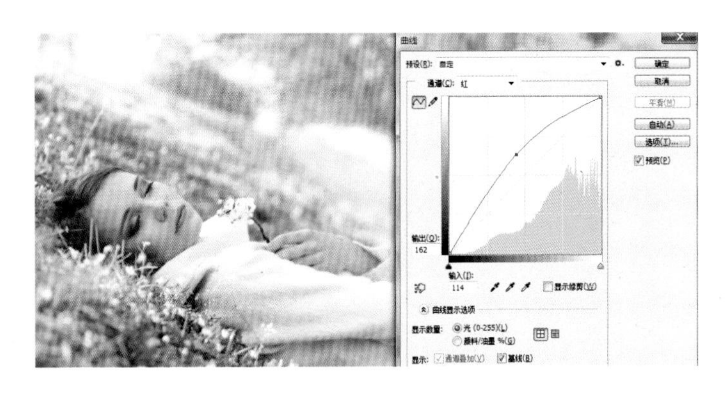

选中“红”通道，向上调节曲线，可以使图像更红。

选中“红”通道，向下调节曲线，可以使图像偏向青色。

选中“绿”通道，向上调节曲线，可以使图像更绿。

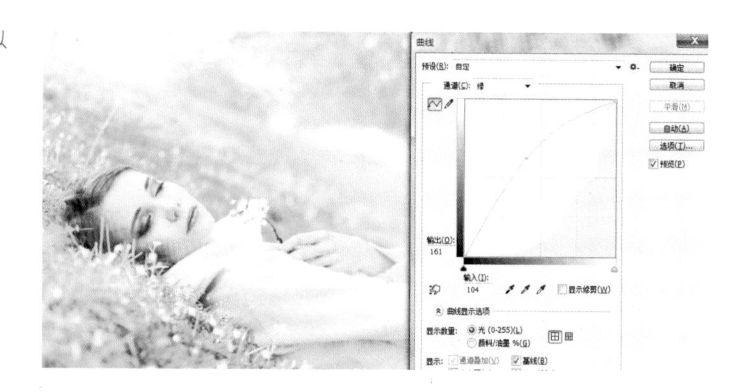

选中“绿”通道，向下调节曲线，可以使图像偏向洋红。

选中“蓝”通道，向上调节曲线，可以使图像更蓝。

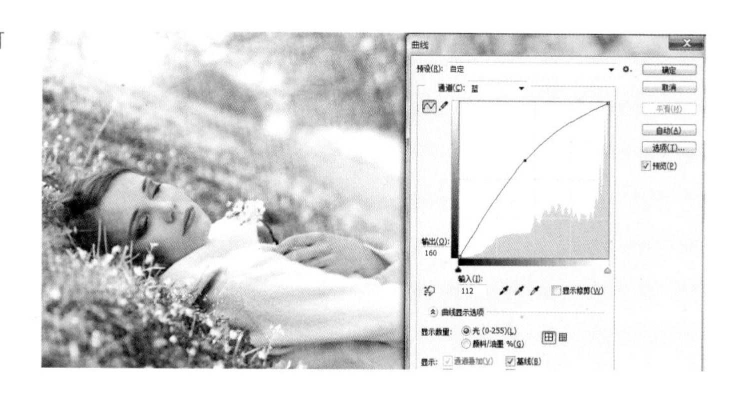

选中“蓝”通道，向下调节曲线，可以使图像偏向黄色。

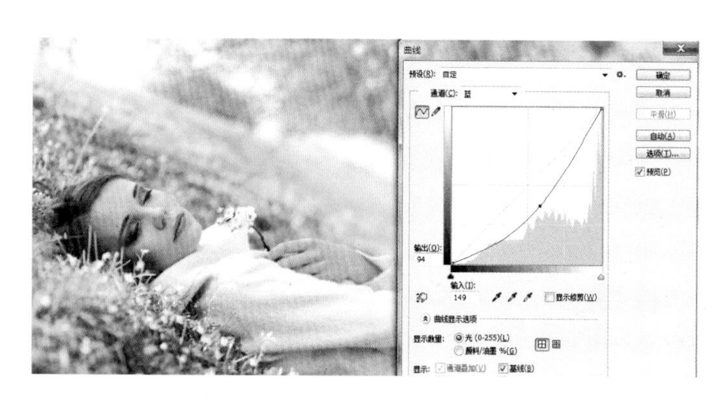

06 色相 / 饱和度

什么是“色相 / 饱和度”？

“色相 / 饱和度”命令主要用于改变像素的色相及饱和度，而且还可以通过它给像素指定新的色相和饱和度，从而为灰度图像添加色彩。

“色相 / 饱和度”的面板

打开一个图像，执行“图像 > 调整 > 色相 / 饱和度”命令，可以打开“色相 / 饱和度”对话框，在其中可更改相对应颜色的色相、饱和度及明度的参数值，从而对图像的色相倾向、颜色饱和度及明度进行调整，最终有针对性地进行色调调整。此外，还可通过对指定的图像区域应用着色效果以创建单色调图像，从而丰富图像的色调调整应用。

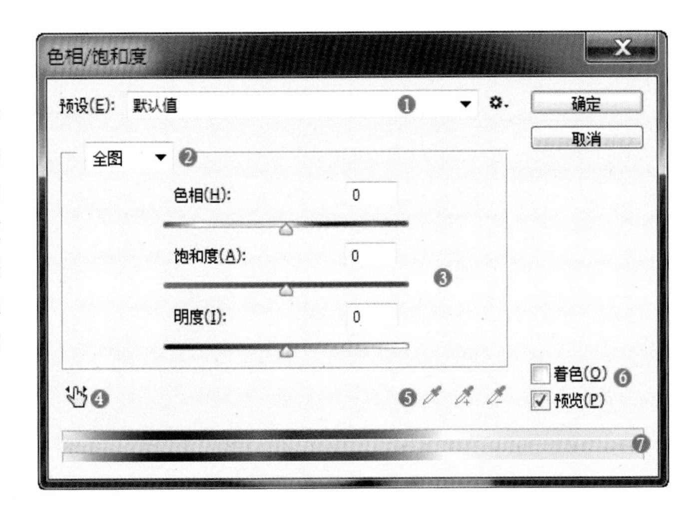

①“预设”选项：通过选择预设样式，可快速应用预设的调整效果。

②“编辑”选项：单击下拉菜单，可以选择要调整的颜色，包括全图、红色、黄色、绿色、青色、蓝色、洋红。选择全图，然后拖动下面的滑块，可以调整全图的色相、饱和度和明度；选择其他通道颜色，可以轻松地单独调整每个颜色的色相、饱和度和明度。

③ 参数调整区：可分别设置色相、饱和度和明度的参数进行图像调整。

④“图像调整工具”按钮：单击此工具，然后在图像中要调整的颜色上向右拖动鼠标可以增加图像的饱和度，向左拖动鼠标可以降低图像的饱和度。如果按住 CTRL 键拖动鼠标，可以修改图像的色相。

⑤“吸管”选项：在编辑选项中选择了一种颜色后，可以激活三个吸管工具，单击最左边的吸管工具，可以选择要调整的颜色范围；单击中间的吸管工具可以扩展颜色范围；单击最右边的吸管工具可以从取样中减少颜色。

⑥“着色”选项：勾选此选项后，可以对图像进行着色，如果前景色是黑色或者白色，图像就会转换为红色；如果前景色不是黑色或者白色，图像会转换为前景色的色相。

⑦“隔离颜色范围”选项：在最下方的两个颜色条中，上面的颜色条代表了图像调整前的颜色，下面的颜色条代表了图像调整后的颜色。

“色相 / 饱和度”的基本用法

用“色相 / 饱和度”调整图像，可以对整个图像进行色相、饱和度和明度的调整，也可以选择某一个通道进行色相、饱和度和明度的调整，更可以对图像进行着色处理，将图像处理成单色效果。

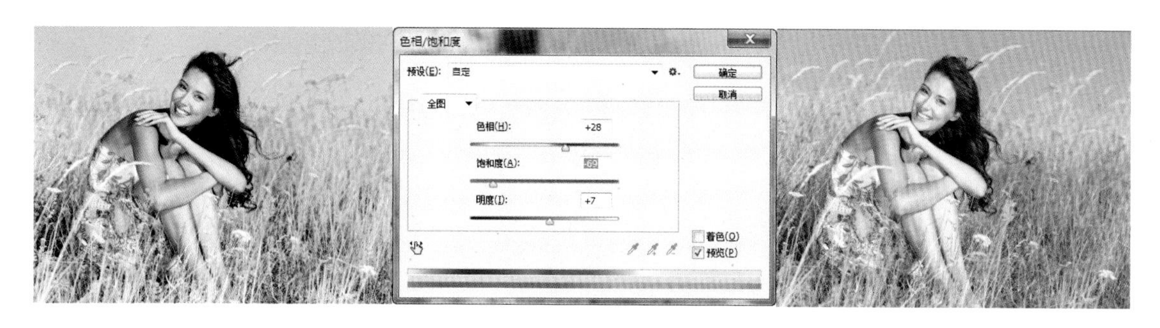

对整个图像进行色相、饱和度和明度调整后的效果。

对单独的黄色通道进行色相和饱和度调整后的效果。

对图像进行着色后的效果。

07 色彩平衡

什么是“色彩平衡”？

“色彩平衡”命令不但能纠正图像中出现的色偏现象，还可以改变图像的总体颜色混合，但不能精确控制单个颜色成分（单色通道），只能作用于复合颜色通道。它通常将图像分为阴影、中间调、高光三种色调，我们可以轻松地调整其中的一种或者几种色调。

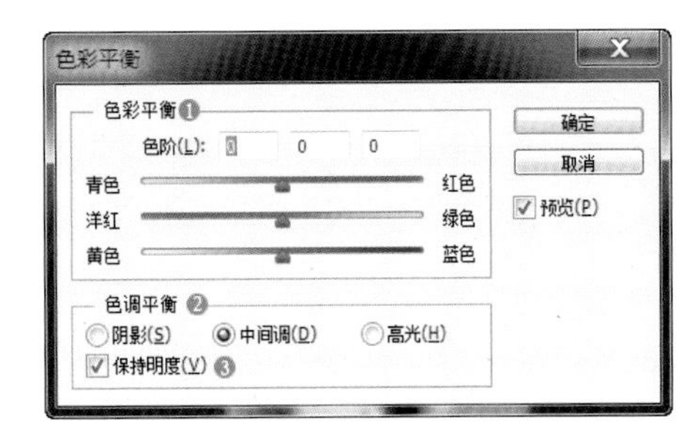

“色彩平衡”的面板

打开一个图像，执行“图像 > 调整 > 色彩平衡”命令，可以打开“色彩平衡”对话框。

①“色彩平衡”选项组：通过拖动下方的颜色滑块或输入色阶值，可调整图像的色调。每一个色阶值文本框对应一个相应的颜色滑块，可设置 -100 到 +100 的值，将滑块拖向某一颜色则增加该颜色值。

②“色调平衡”选项组：包括“阴影”“中间调”“高光”三个选项，选择相应的选项即可对该选项中的颜色做着重调整。

③“保持明度”选项：保持明度可以保持图像的色调不变，以防止亮度值随着颜色的更改而改变，默认情况下一般都要勾选此项，尤其是在 RGB 色彩模式下，勾选此复选框，能够随时观察调整图像的效果。

“色彩平衡”的基本用法

首先我们在“色调平衡”选项下选择我们要调整图像的哪一部分，可以选择“阴影”“中间调”和“高光”，默认的是对“中间调”进行调整。接着在色阶值文本框中直接输入数值进行调整，但是这种方法不直观，一般我们采用拖动滑块的方式向左或者向右增加或者减少颜色。这 6 种颜色其实是互补色，RGB 三原色为红色、绿色、蓝色，CMYK 三原色为青色、洋红、黄色，补色是指一种原色与另外两种原色混合而成的颜色形成互为补色的关系，如蓝色与绿色混合出青色，青色与红色为补色关系。在标准色轮上，绿色和洋红互为补色，黄色和蓝色互为补色，红色和青色互为补色，这也就意味着将滑块向右拖动，增加了红色，减少了青色；而将滑块向左拖动，增加了青色，减少了红色，其他颜色也同理。

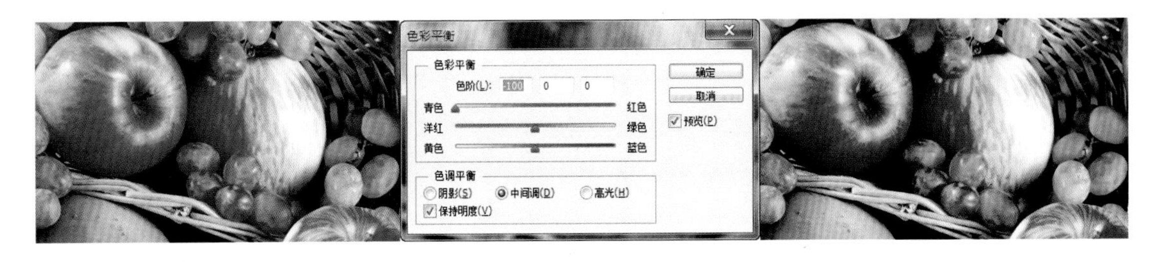

增加了青色，减少了红色效果。

增加了红色，
减少了青色效果。

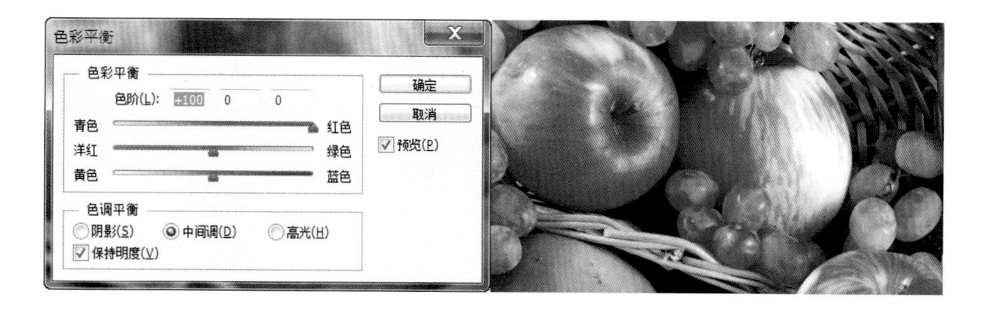

增加了洋红，
减少了绿色效果。

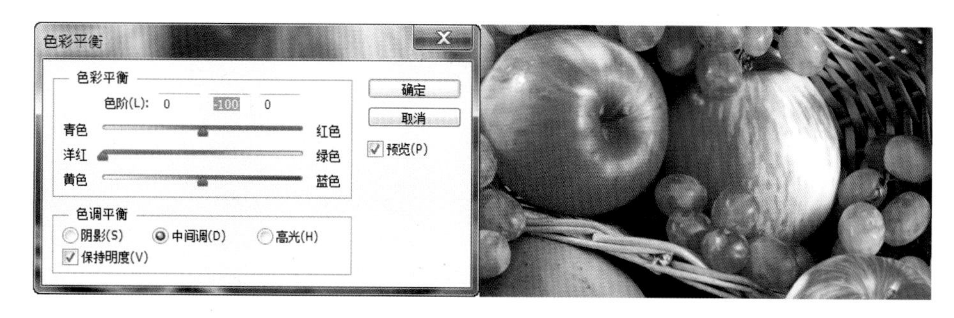

增加了绿色，
减少了洋红效果。

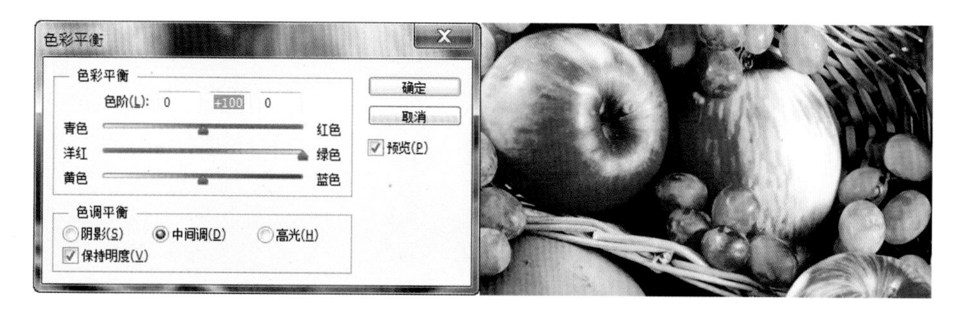

增加了黄色，
减少了蓝色效果。

增加了蓝色，
减少了黄色效果。

08 可选颜色

什么是“可选颜色”？

“可选颜色”命令可以对图像中指定的颜色进行校正，以调整图像中不平衡的颜色，该命令最大的好处是可以单独调整某一种颜色，而不影响其他颜色，特别适合 CMYK 色彩模式的图像调整。

“可选颜色”的面板

打开一个图像，执行“图像 > 调整 > 可选颜色”命令，或者单击“图层”面板底部的“创建新的填充或调整图层”按钮，在弹出的菜单中选择“可选颜色”命令，即可打开“可选颜色”命令对话框。

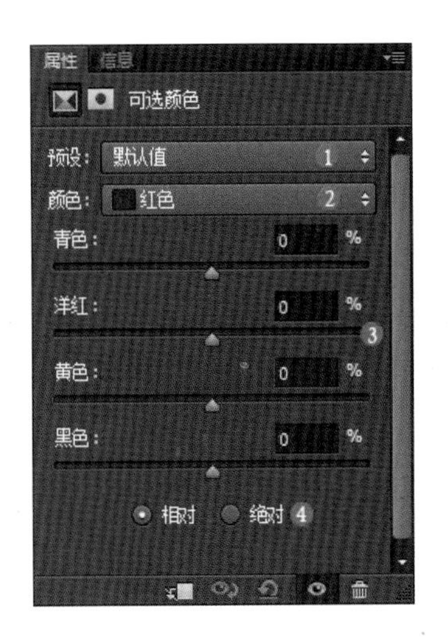

①“预设”选项：通过选择预设的“可选颜色”样式，可快速应用调整效果。

②“颜色”选项：可以从右侧的下拉菜单中制定一种要修改的颜色。

③“各颜色滑块”选项：在指定相应的原色选项后，拖动各颜色滑块或输入数值可调整该原色中的印刷色。

④“方法”选项：用来设置调整的方式，“相对”与“绝对”是对油墨增减量的两种不同计算方法。选择“相对”，按照总量的百分比修改现有的青色、洋红、黄色或黑色的含量。例如，如果从 50% 洋红的像素开始添加 10%，则将添加 5% 的洋红，结果为 55% 的洋红 (50%+50% * 10% = 55%)；选择“绝对”，按照绝对值调整颜色。例如，如果从 50% 洋红的像素开始添加 10%，则结果为 60% 洋红。

“可选颜色”的基本用法

首先我们在“颜色”选项后选择我们要调整的颜色，比如这里选择为“绿色”，然后拖动下方的颜色滑块便可以轻松调整所选的颜色。

青色调整为 -100% 和 +100% 效果。

洋红调整为 -100% 和 +100% 效果。

黄色调整为 -100% 和 +100% 效果。

黑色调整为 -100% 和 +100% 效果。

09 修复工具

●污点修复画笔工具●

什么是“污点修复画笔工具”？

“污点修复画笔工具”可以快速修除图像中的污点、划痕和其他不理想的地方，常通过图像中的样本像素进行绘画，并将样本像素的纹理、光照、透明度和阴影与所修复的像素相匹配。它可以自动地从所修饰的图像周围进行取样，来替换掉污点等。

“污点修复画笔工具”的面板

在工具箱上单击此标志 ，会出现该工具的属性选项栏，如图所示。

①“画笔预设”选项：可以选择不同的笔刷并设置画笔的笔尖大小和硬度等属性。

②“模式”选项：设置污点修复画笔绘制时的像素与原来像素之间的混合模式。

③“类型”选项：选择“近似匹配”，则在使用污点修复画笔修改图像时，将根据图像周围像素的相似度进行匹配，以达到修复污点的效果；选择“创建纹理”，则在使用污点修复画笔修改图像时，将在修复污点的同时使图像的对比度加大，以显示出纹理效果；选择“内容识别”，则在对图像的某一区域进行污点修复时，软件会自动分析周围图像的特点，将图像进行拼接组合，然后填充该区域并进行智能融合，从而达到快速无缝修复的效果。

④“对所有图层取样”选项：如果当前文档中包含多个图层，勾选该项后，可以从所有可见图层中对数据取样；取消勾选，则只从当前图层中取样。

⑤“绘图板压力控制大小”按钮：单击此按钮，可通过压感笔的压力控制画笔大小，其效果会覆盖“画笔”面板中的设置。

“污点修复画笔工具”的基本用法

在工具箱上选择“污点修复画笔工具”，在选项栏上设置好相对应的参数，直接在照片上的污点处单击即可，可以看到污点瞬间消失。这里需要提醒的是，读者可以根据需要处理的图像大小调整画笔大小，如果画笔设置得太大，容易擦除要保留的图像区域；如果设置得太小，则会降低工作的效率。

●修复画笔工具●

什么是“修复画笔工具”？

“修复画笔工具”从被修饰区域的周围取样，并将样本的纹理、光照、透明度和阴影等与所修饰的像素匹配，从而去除照片中的污点和划痕，修复的结果人工痕迹不是很明显，取样时要按住键盘上的 Alt 键配合使用。

“修复画笔工具”的面板

在工具箱上单击此标志 ，会出现该工具的属性选项栏，如图所示。

①“画笔预设”选项：可以选择不同的笔刷并设置画笔的笔尖大小和硬度等属性。

②“切换仿制源面板”按钮：单击此按钮，可调出“仿制源”面板。在该面板中，可创建多个不同的仿制源样本并做调整，以便在需要时选择指定的样本并应用。

③“模式”选项：用来设置修复图像时使用的混合模式。“替换”是比较特殊的模式，它可以保留画笔描边的边缘外的杂色、胶片颗粒和纹理，使修复效果更加真实。

④“源”选项：设置用于修复像素的源。选择“取样”，可以从图像的像素上取样；选择“图案”，可以在图案下拉菜单中选择一个图案作为取样，效果类似于使用“图案图章”绘制图案。

⑤“对齐”选项：勾选该项，会对像素进行连续取样，在修复过程中，取样点会随着修复位置的移动而变化。

⑥“样本”选项：用来设置从指定的图层中进行数据取样。可以从“当前图层”“当前和下方图层”“所有图层”中取样，根据自己的需要设置。

⑦“打开以在修复时忽略调整图层”按钮：选择“当前和下方图层”或“所有图层”样本后，该按钮将被激活，单击该按钮可忽略样本图层中的调整图层进行修复。

⑧“绘图板压力控制大小”按钮：单击此按钮，可通过压感笔的压力控制画笔大小，其效果会覆盖“画笔”面板中的设置。

“修复画笔工具”的基本用法

在工具箱上选择“修复画笔工具”，在选项栏上设置好相对应的参数，按住 Alt 键的同时先在污点附近的画面上单击，然后释放 Alt 键，将鼠标光标移动到污点上单击，此时可以看到在取样点位置出现一个“+”字形符号，当拖动鼠标时，该符号将随着拖动的光标进行相应的移动。“+”字形符号处为复制的源对象，鼠标位置为复制的目的地。

●修补工具●

什么是“修补工具”？

使用“修补工具”可以用其他区域中的像素来修复选中的区域，并将样本的纹理、光照、透明度和阴影等与所修饰的像素进行匹配，该工具的特别之处是需要用选区来定位修补范围。

“修补工具”的面板

在工具箱上单击此标志 ，会出现该工具的属性选项栏，如图所示。

①“选区操作”选项：共分为四种，第一种可以创建一个新的选区；第二种在当前选区的基础上添加新的选区；第三种在原选区中减去当前绘制的选区；第四种可以得到原选区与当前创建的选区相交的部分。

②“修补”选项：用来设置修补的方式，默认的是“源”，当将选区拖至要修补的区域之后，放开鼠标就会用当前选

区中的图像修补原来选中的内容；如果选择“目标”，就会将选中的图像复制到目标区域。

③“透明”选项：勾选该选项后，可以使修补的图像与原图像产生透明的叠加效果。

④“使用图案”按钮：创建选区后，该按钮右侧的“图案”拾色器将被激活，选择指定的图案像素后单击“使用图案”按钮，则将以该图像像素样本覆盖选区内像素，并进行匹配处理。

“修补工具”的基本用法

在工具箱上选择“修补工具”，在选项栏上设置好相对应的参数，这里“修补”选项一般选择“源”，先用鼠标左键将污点框选出来，然后释放鼠标，可以很直观地看到选区的范围，将鼠标光标放置在选区内，向周围的画面上拖动，则选中的画面会被污点替代掉。

●仿制图章工具●

什么是“仿制图章工具”？

“仿制图章工具”用于将图像的一部分复制到另一图像、另一图层或同一图层的另一个位置。

“仿制图章工具”的面板

在工具箱上单击此标志 ，会出现该工具的属性选项栏，如图所示。

①“画笔预设”选项：可以选择不同的笔刷并设置画笔的笔尖大小和硬度等属性。

②“切换画笔面板”按钮：单击此按钮可弹出画笔面板，在该面板中可设置画笔的笔尖形状等属性。

③“切换仿制源面板”按钮：单击“切换仿制源面板”按钮，可调出“仿制源”面板，在该面板中可创建多个不同的仿制源样本并做调整，以便在需要时选择指定的样本并应用。

④“模式”选项：用来设置修复图像时使用的混合模式。“替换”是比较特殊的模式，它可以保留画笔描边的边缘外的杂色、胶片颗粒和纹理，使修复效果更加真实。

⑤“不透明度”选项：用来设置画笔的不透明度，该数值越低，线条的透明度越高。

⑥“绘图板压力控制大小”按钮：单击此按钮，可通过压感笔的压力控制画笔大小，其效果会覆盖“画笔”面板中的设置。

⑦“流量”选项：用来设置当光标移动到某个区域上方时应用颜色的速率。

⑧“启用喷枪模式”按钮：单击此按钮将根据笔刷的硬度、不透明度和流量设置应用喷枪模式，若将笔刷光标移动至画面上，按住鼠标左键可增加擦除量。

⑨“对齐”选项：勾选该项，会对像素进行连续取样，在修复过程中，取样点会随着修复位置的移动而变化。

⑩“样本”选项：用来设置从指定的图层中进行数据取样。可以从“当前图层”“当前和下方图层”“所有图层”中取样，并根据自己的需要设置。

⑪“打开以在修复时忽略调整图层”按钮：选择“当前和下方图层”或“所有图层”样本后，该按钮将被激活，单击该按钮可忽略样本图层中的调整图层进行修复。

⑫“绘图板压力控制大小”按钮：单击此按钮，可通过压感笔的压力控制画笔大小，其效果会覆盖“画笔”面板中的设置。

“仿制图章工具”的基本用法

在工具箱中选取“仿制图章工具”，然后把鼠标放到要被复制的图像的窗口上，这时鼠标将显示一个图章的形状，然后按住 Alt 键，单击一下鼠标进行定点选样，这样复制的图像被保存到剪贴板中，按住鼠标拖动即可逐渐出现复制的图像。

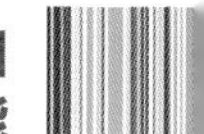

10 画笔工具

“画笔”面板是 PHOTOSHOP CC 最重要的面板之一，可以设置绘画工具和修饰工具的笔尖种类、画笔大小和硬度，还可以创建自己需要的特殊画笔。我们应该重点掌握此面板，下面就详细地介绍“画笔”面板的功能和各项选项的作用。

执行“窗口 > 画笔”命令，或者单击工具选项栏中的 按钮，或者按键盘上的快捷键“F5”，可以打开“画笔”面板。

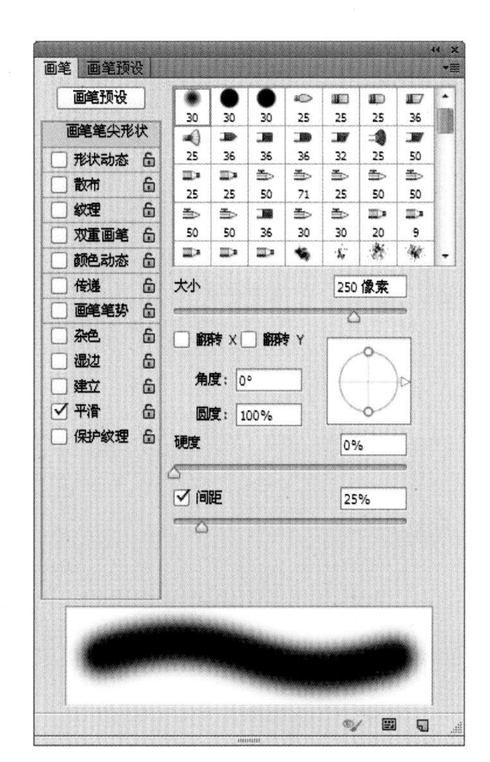

画笔笔尖形状

可以对画笔的预设进行一定的修改，如调整画笔的大小、角度、圆度、硬度等特性。

●大小：用来设置画笔的大小，范围为 1-2500px。

●翻转 X / 翻转 Y：用来改变画笔在其 X 或 Y 轴上的方向。

●角度：用来设置椭圆笔尖和图像样本笔尖的旋转角度，可以在文本框中输入角度值，也可以拖动箭头进行调整。

●圆度：用来设置画笔长轴和短轴之间的比率，当该数值为 100% 时，笔尖为圆形，设置为其他数值时可将画笔压扁。

●硬度：用来设置画笔硬度中心的大小，该值越小，画笔的边缘越柔和。

●间距：用来控制描边中两个画笔笔迹之间的距离，该数值越高，笔迹之间的间距越大。

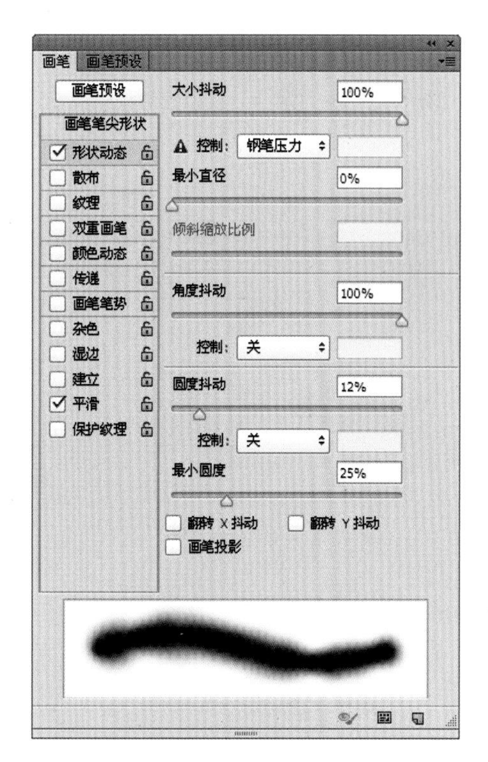

形状动态

决定了描边中画笔的笔迹如何变化，它可以使画笔的大小、圆度等产生随机变化效果。

●大小抖动：设置画笔笔迹大小的改变方式，该数值越高，轮廓越不规则。控制选择“关”，表示不控制画笔笔迹的大小变化；选择“渐隐”，可按照指定数量的步长在初始直径和最小直径之间渐隐画笔笔迹的大小，使笔迹产生逐渐淡出的效果。

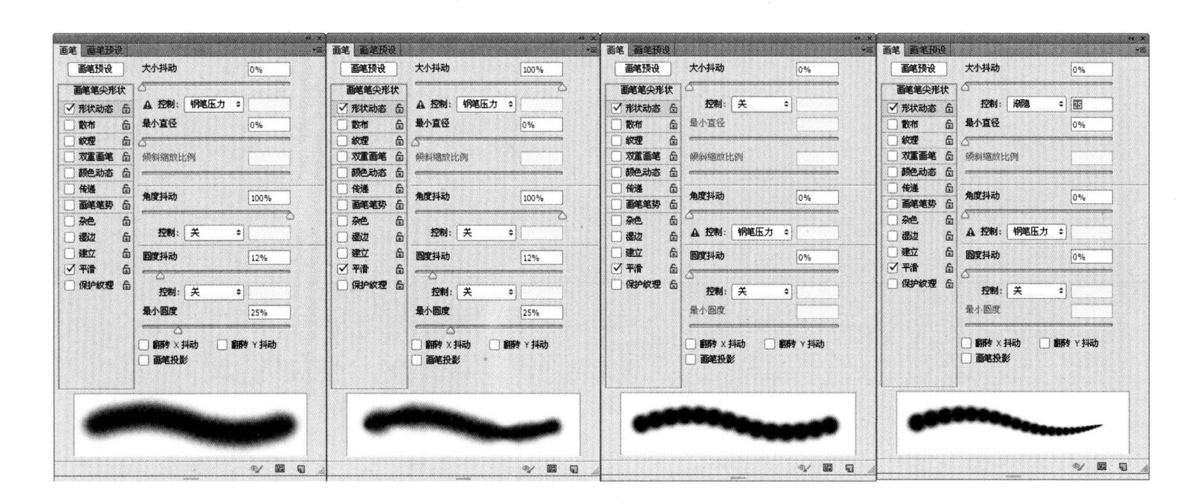

●最小直径：控制设置为“渐隐”等选项后，接下来调整画笔笔迹可以缩放的最小百分比，该数值越高，笔尖直径的变化越小。

最小直径为 0%

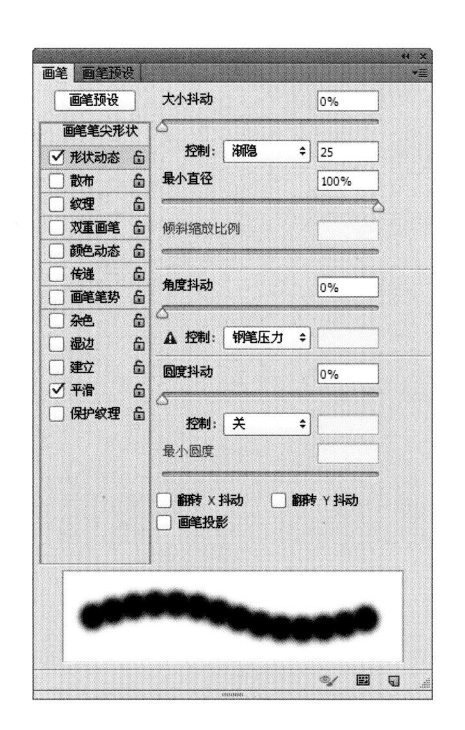

最小直径为 100%

●角度抖动：设置改变画笔笔迹的角度。

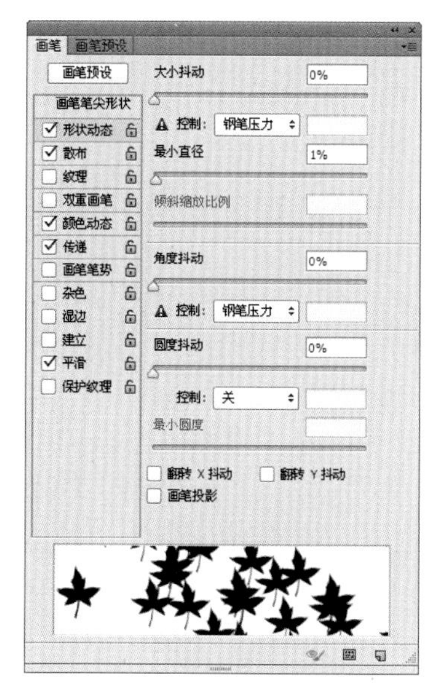

角度抖动为 0%

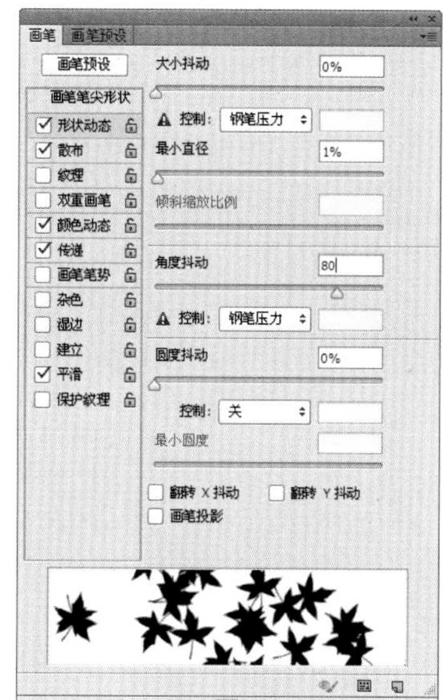

角度抖动为 80%

●圆度抖动 / 最小圆度：确定画笔的圆度变化程度，当启用了一种控制方法后，可在“最小圆度”中设置画笔笔迹的最小圆度。

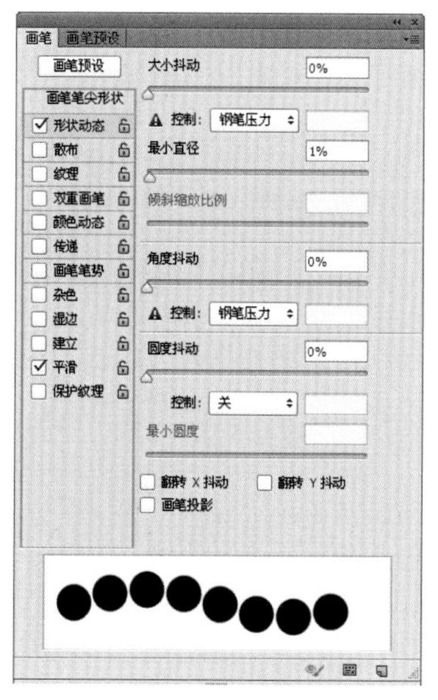

圆度抖动为 0%

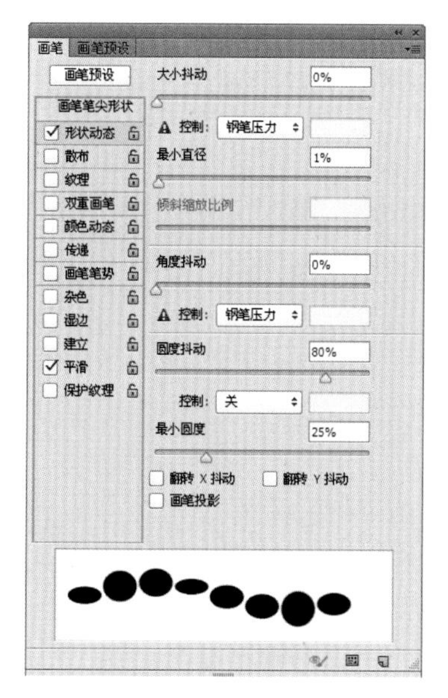

圆度抖动为 80%

散 布

散布决定了描边中笔迹的数目和位置，可使笔迹沿着绘制的线条扩散。

●散布 / 两轴：设定画笔的分散程度，选择“两轴”，则画笔按照辐射方向分散。

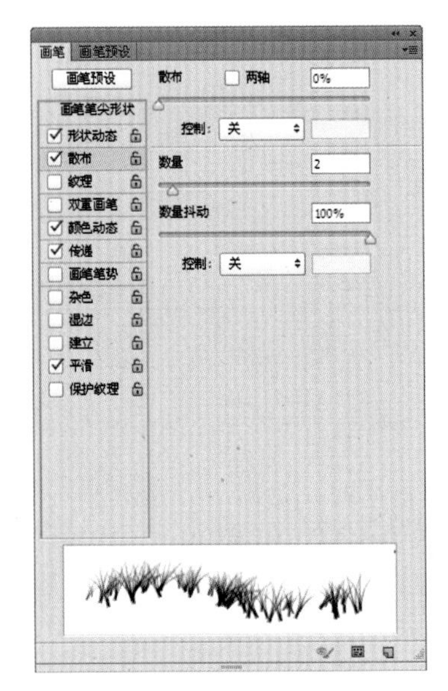

散布为 0%，不勾选“两轴”

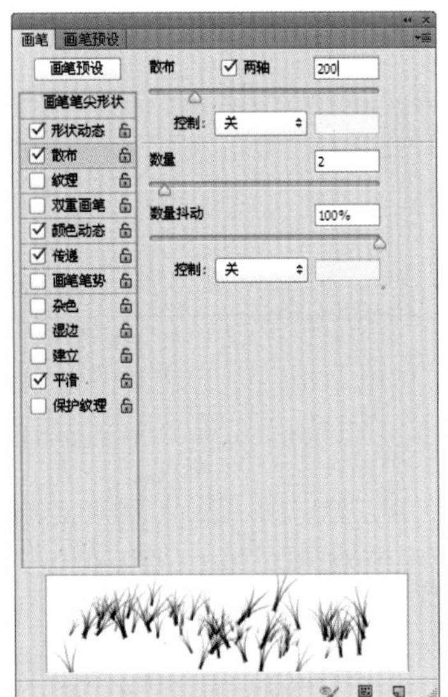

散布为 200%，勾选“两轴”

●数量：设定间隔处画笔分散的数目。

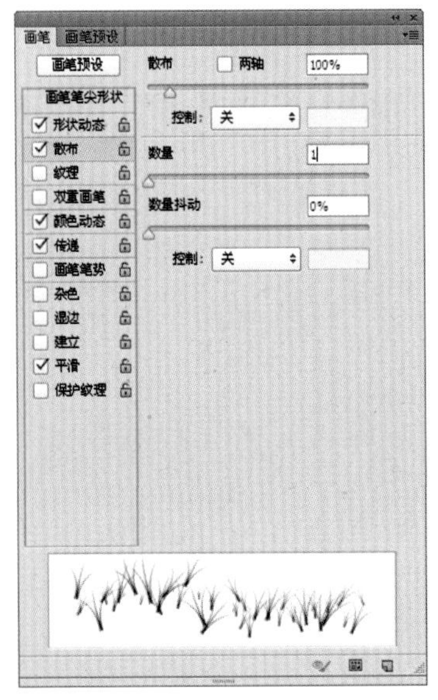

数量为 1

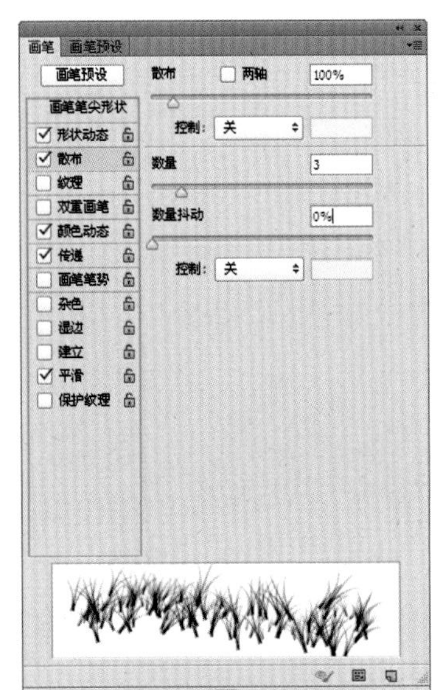

数量为 3

●数量抖动/控制：设定间隔处画笔数目的变化程度，“控制”选项可用来设置画笔笔迹的数量变化。

数量抖动为 0%

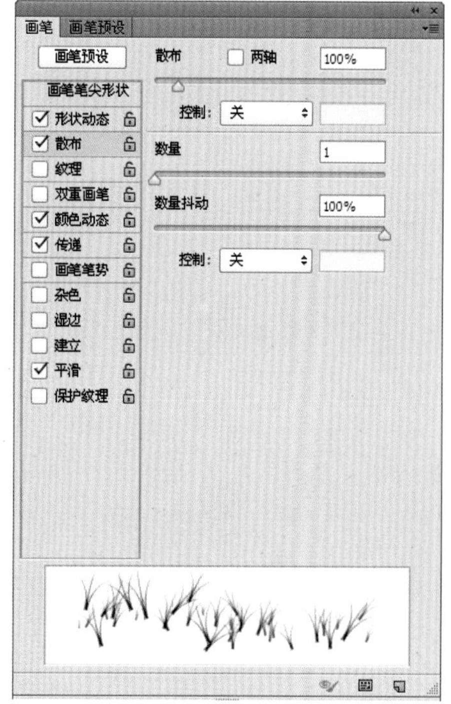

数量抖动为 100%

纹 理

可以使画笔绘制出的线条带着纹理的效果。选择一种图案，将其添加到描边中，以模拟画笔效果。

●纹理/反相：单击图案缩览图右侧的按钮，可以在打开的下拉菜单中选择一个图案，将其设置为“纹理”。如果勾选“反相”，可

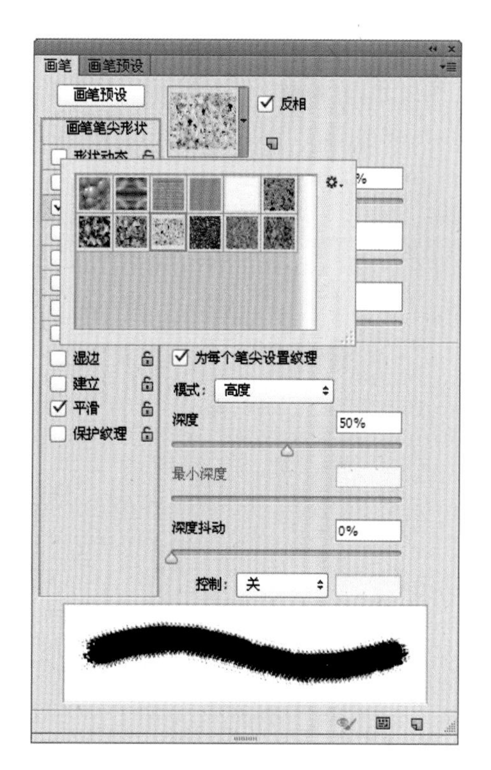

以反转纹理中的暗点和亮点。

●缩放：用来缩放图案。

●亮度：用来调整画笔的亮度。

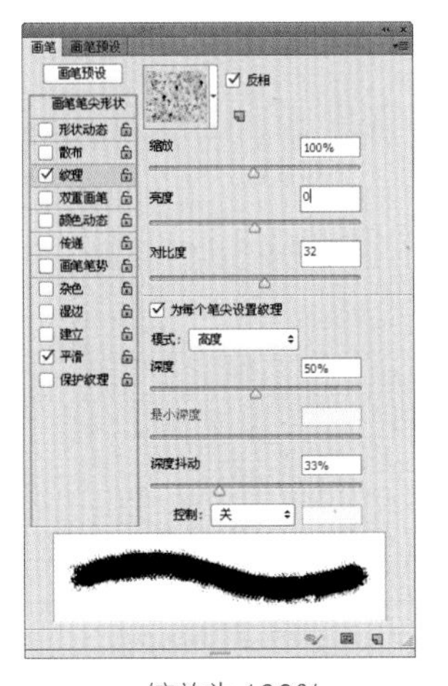

缩放为 100%

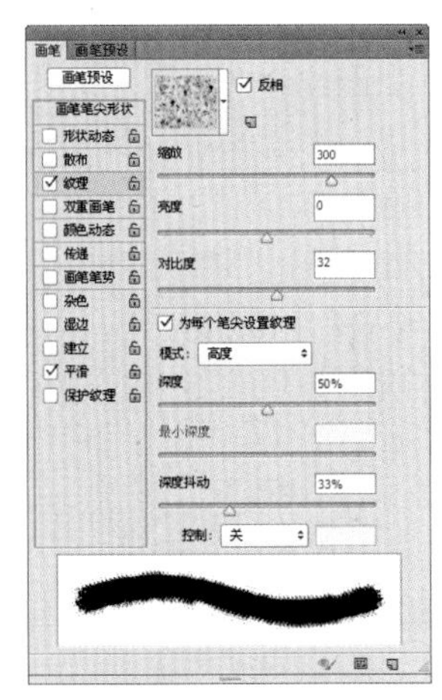

缩放为 300%

●对比度：用来调整画笔的对比度。

●为每个笔尖设置纹理：决定绘画时是否单独渲染每个笔尖。

●模式：用来选择图案与前景色之间的混合模式。

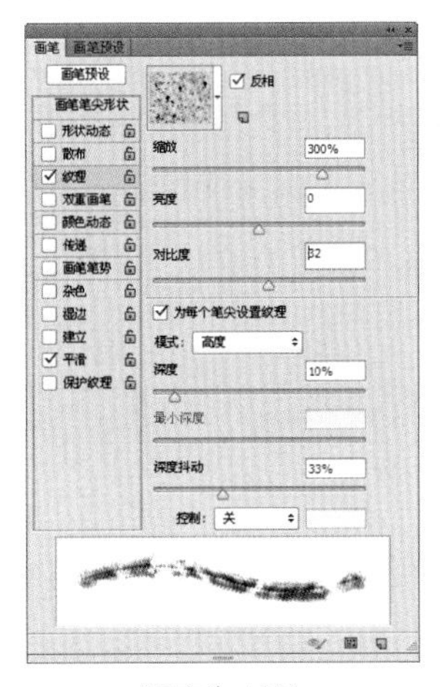

深度为 10%

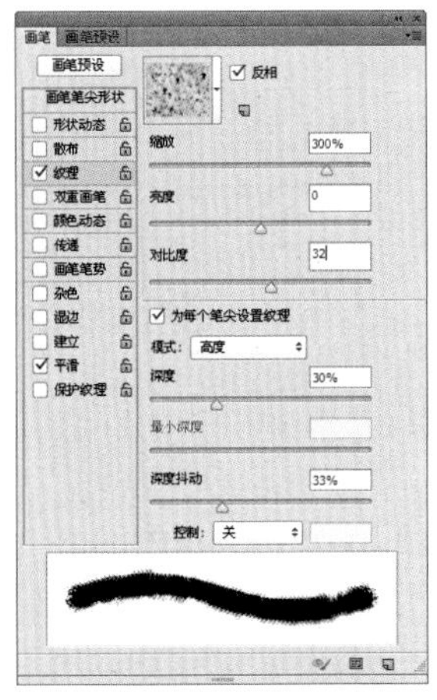

深度为 30%

●深度：用来指定油彩渗入纹理中的深度。

●最小深度：用来指定当深度控制设置为“渐隐”“钢笔压力”等，并且选中“为每个笔尖设置纹理”时，油彩可渗入的最小深度。

●深度抖动：用来设置纹理抖动的最大百分比。

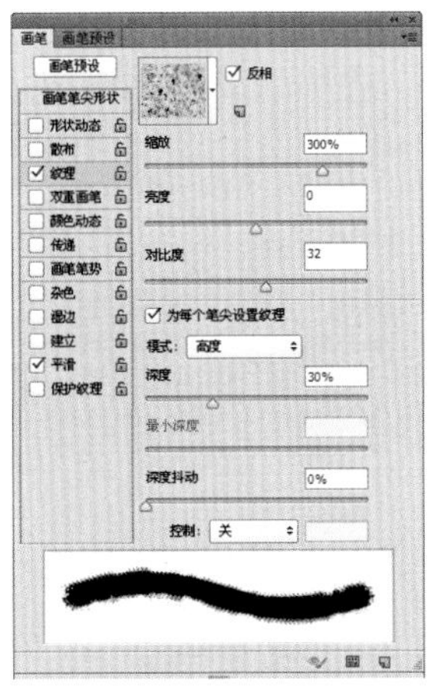

深度抖动为 0%

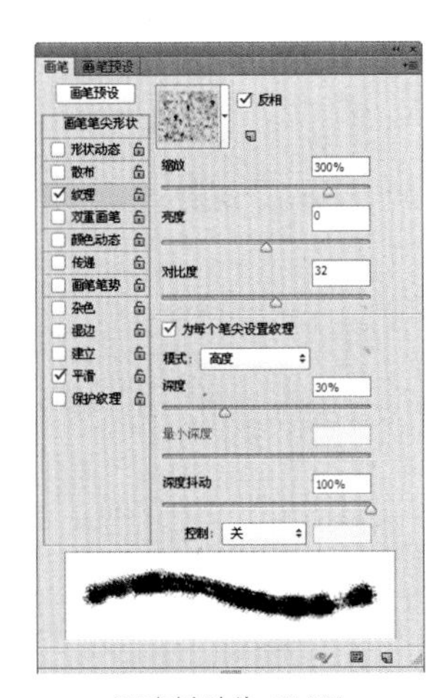

深度抖动为 100%

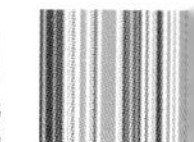

双重画笔

用来创造两种画笔混合的效果。

- ●模式：用来设置两种笔尖在组合时使用的混合模式。
- ●大小：用来设置笔尖的大小。
- ●间距：用来指定双笔尖画笔笔迹之间的距离。
- ●散布：用来指定双笔尖画笔笔迹的分布方式。
- ●数量：用来指定在每个间隔应用的双笔尖画笔笔迹的数量。

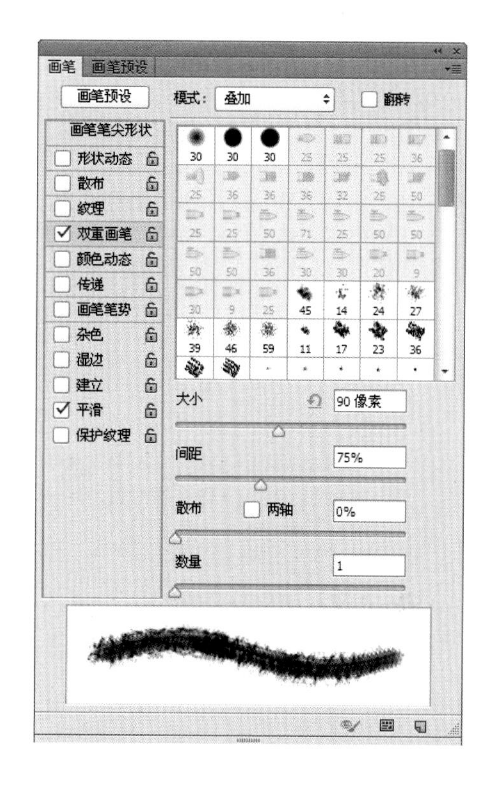

颜色动态

可以使绘制出的线条的颜色、饱和度和明度等产生相应的变化。

●前景 / 背景抖动：可指定前景色和背景色之间的油彩变化方式，该数值越小，变化后的颜色越接近前景色；该数值越大，变化后的颜色越接近背景色。

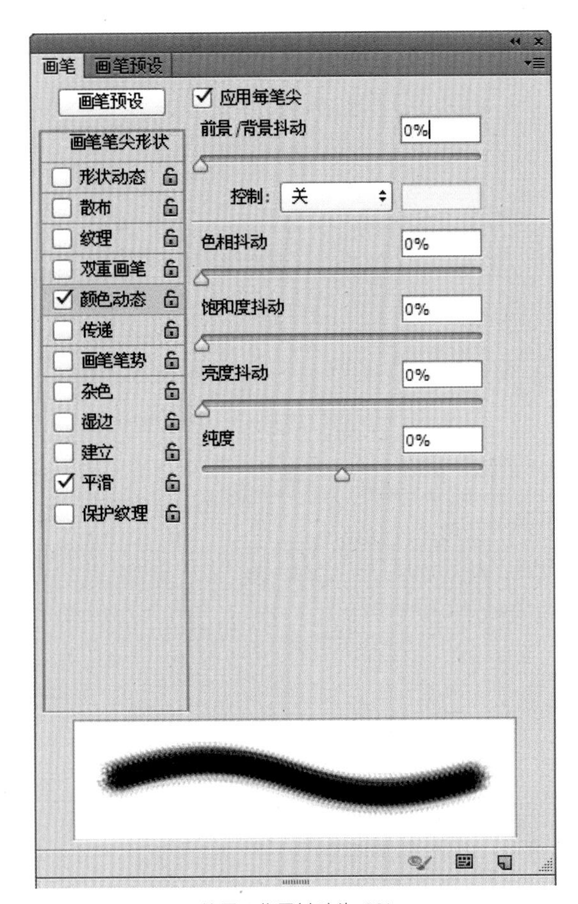

前景 / 背景抖动为 0%

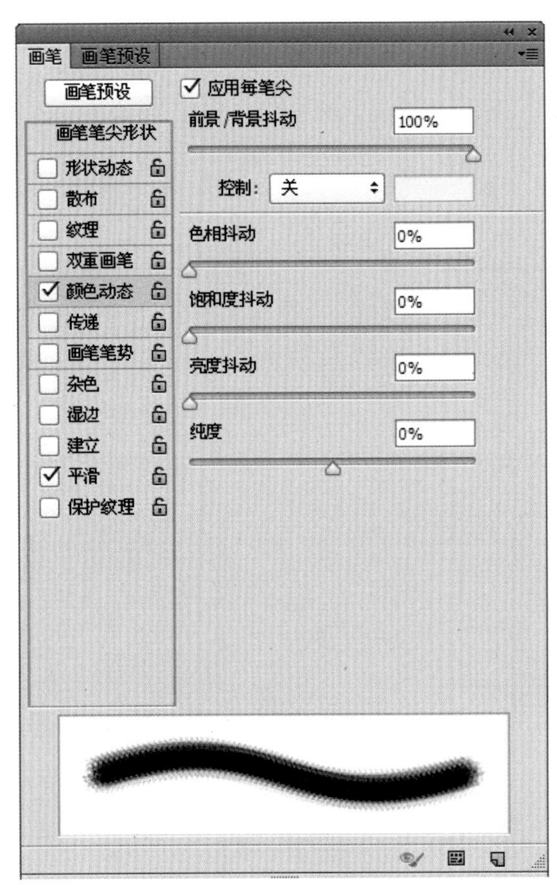

前景 / 背景抖动为 100%

●色相抖动：用来设置颜色变化范围。

●饱和度抖动：用来设置颜色的饱和度变化范围。

●亮度抖动：用来设置颜色的亮度变化范围。

●纯度：用来设置颜色的纯度。

传 递

用来确定油彩在描边路线中的改变方式。

●不透明度抖动：用来设置画笔笔迹中油彩不透明度的变化程度。

●流量抖动：用来设置画笔笔迹中油彩流量的变化程度。

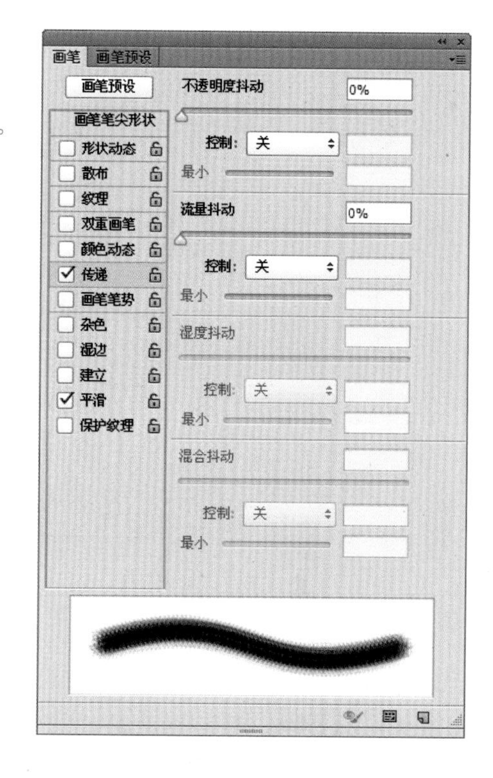

其他选项

●画笔笔势：用来改变画笔的笔势，多用于手绘板的操作。

●杂色：选中该复选框，可以为个别画笔笔尖增加额外的随机性。

●湿边：选中该复选框，可以沿画笔描边的边缘增大油彩量，创建水彩效果。

●建立：选中该复选框，可以使用喷枪样式的建立效果。

●平滑：选中该复选框，可以使画笔描边的过程中产生更为平滑的曲线。

●保护纹理：选中该复选框，可以将相同图案和缩放比例应用于具有纹理效果的所有画笔预设，在使用多个纹理画笔笔尖绘画时，可以模拟出一致的画布纹理。

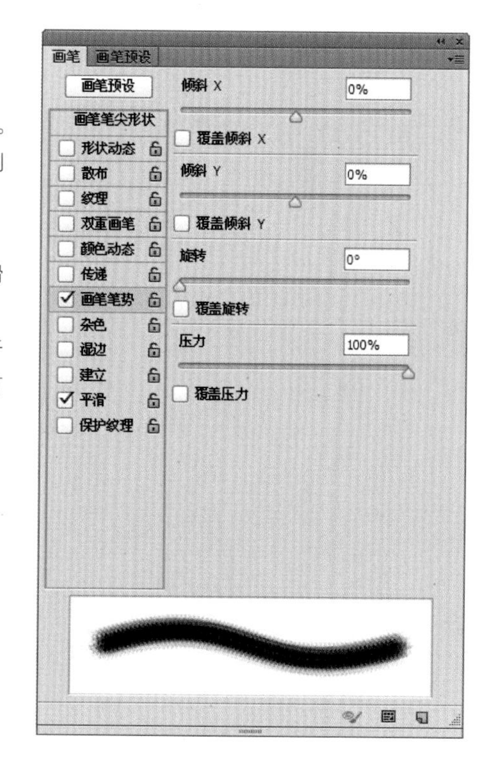

Chapter2
室内人像修图实战技巧

01 中国风情

02 粉妆玉琢

03 朝花夕拾

04 炫彩写真

05 台球魅影

01 中国风情★★★★★

——时尚妆容照片的处理

现在拍摄妆面造型的人越来越多，每款妆面造型都有不同的风格和韵味。此片拍摄的模特是外模，所以在拍摄的时候选择了半柔硬光，并从正面拍摄，来突出模特的立体感观度。从模特的鼻子阴影就可以看出，灯位高于被摄人物，使其更加具有层次感、立体感；后侧方打了轮廓光，将人物从背景中突出出来。道具的选择上，主要是加了一些中国传统元素。镜头则采用了长焦镜头，让压缩感更加强烈。（摄影：优零）

■后期处理技术要点

■通道的运用

■计算命令的运用

■液化命令的运用

■锐化的运用

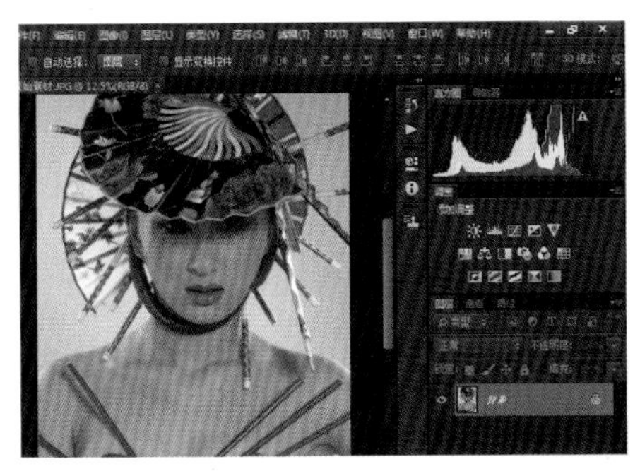

Part1 亮度对比度调整

01 打开 Adobe Photoshop CC 软件，执行“文件 > 打开”命令，打开原稿图像，如图所示。

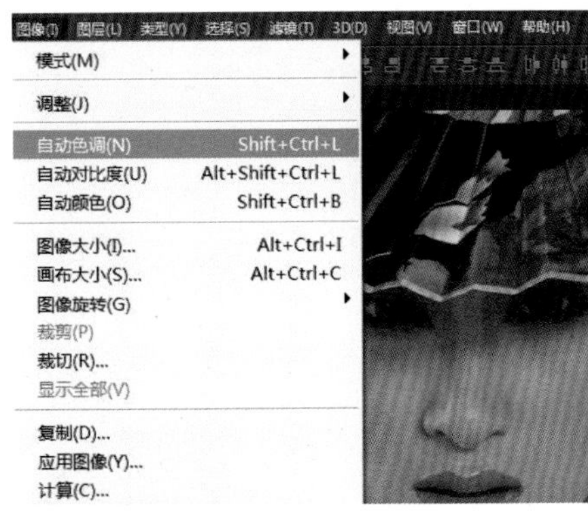

02 执行“图像 > 自动色调”，其目的是对照片进行自动色调的调整，如图所示。

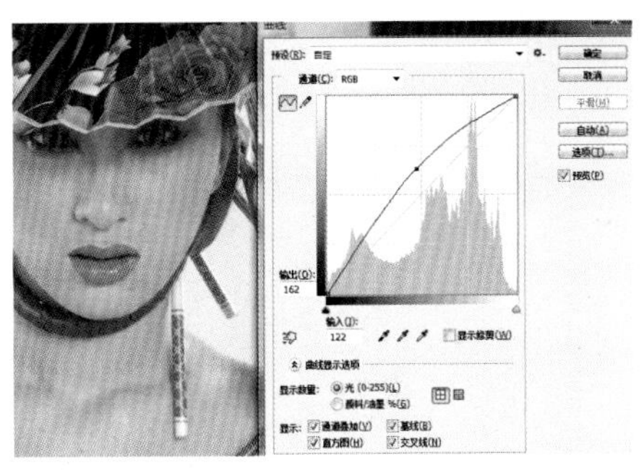

03 按快捷键“Ctrl+M”调出曲线命令，向上拖动曲线，其目的是增加照片的整体亮度，效果如图。

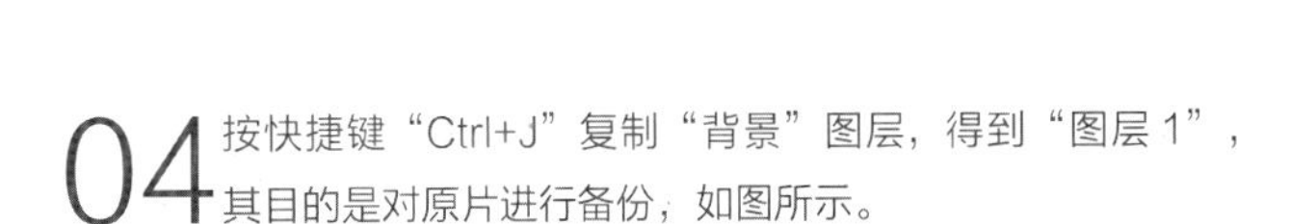
04 按快捷键“Ctrl+J”复制“背景”图层，得到“图层 1”，其目的是对原片进行备份，如图所示。

Part2 磨皮处理

05 按快捷键“J”选择污点修复画笔工具，设置适当的画笔大小，然后直接在杂点上单击，依次修除人物面部的小颗粒。做这个操作一定要细心，不能着急，画笔的设置一定要根据图像的需要，半径不能太大，能包围起颗粒即可，修饰效果如图所示。

06 进入“通道”面板，选择“蓝”通道进行复制，得到“蓝拷贝”通道，并激活“蓝拷贝”通道。我们一般是寻找一个细节比较丰富的通道来复制，如图所示。

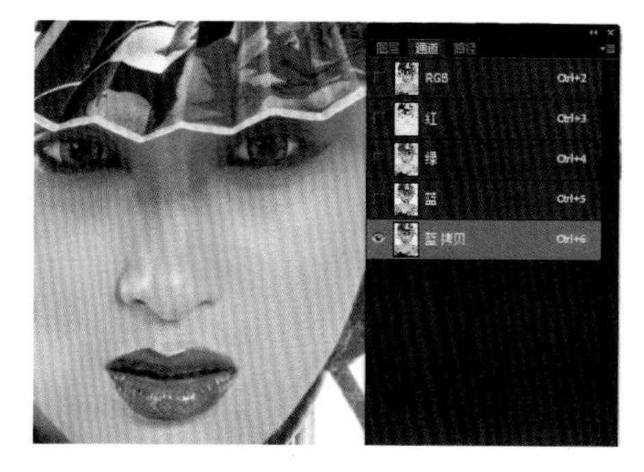

07 执行“滤镜 > 其他 > 高反差保留”命令，其目的是为磨皮做准备，如图所示。

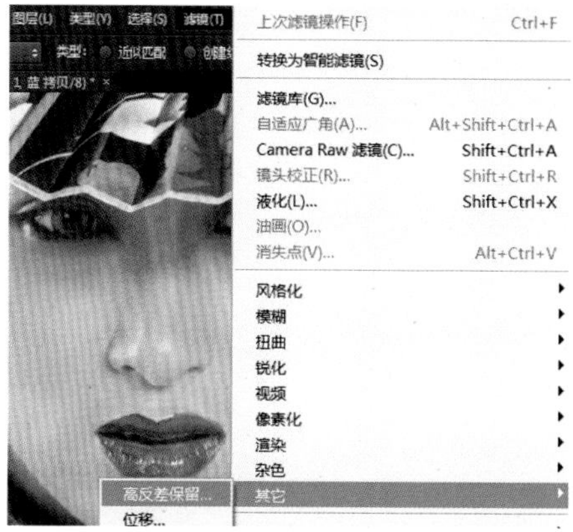

08 打开“高反差保留”对话框，设置高反差保留半径为 8 像素，如图所示。

09 选择画笔工具，将前景色拾取实色设置为灰色（RGB：157、157、157），或者直接输入数值“#9d9d9d”，如图所示。

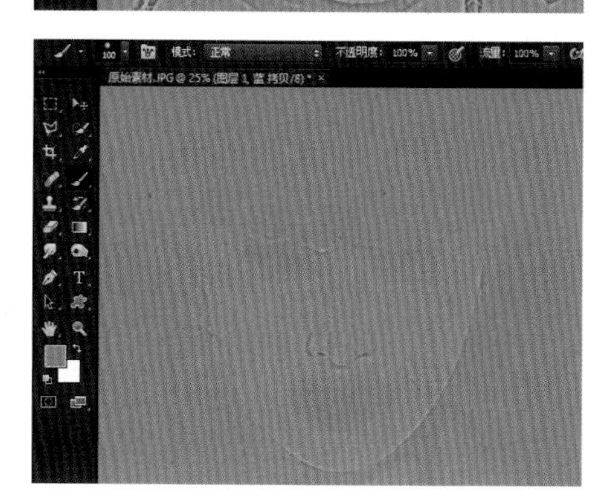

10 然后涂抹眼睛、嘴唇和脸周围不需要进行磨皮的部分，如图所示。

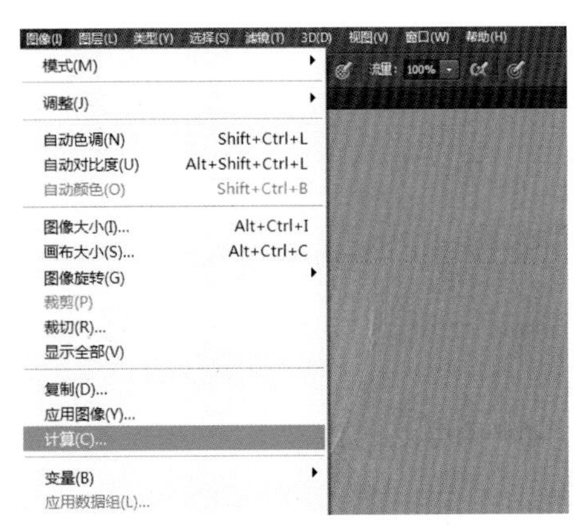

11 执行“图像 > 计算”命令，如图所示。

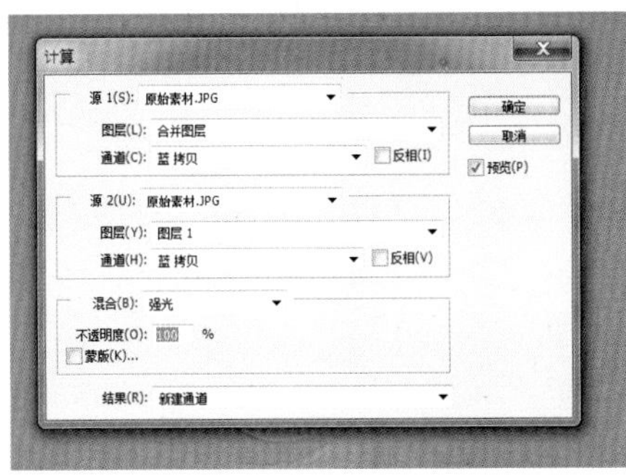

12 打开“计算”对话框，将通道更改为“蓝拷贝”通道，混合更改为“强光”，不透明度为100%，会得到新通道“Alpha1”，如图所示。

13 接着再次执行“图像 > 计算”命令，如图所示。

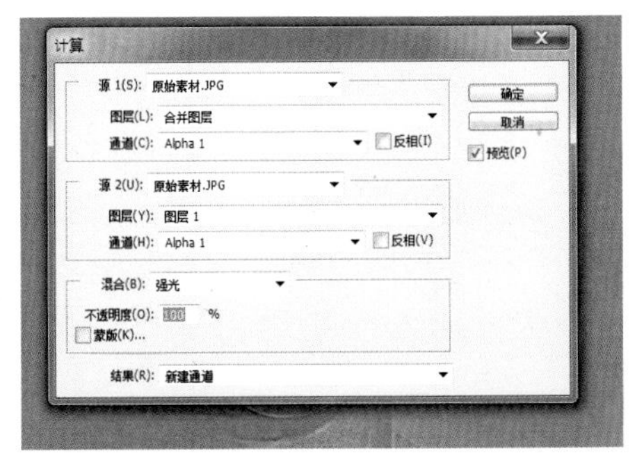

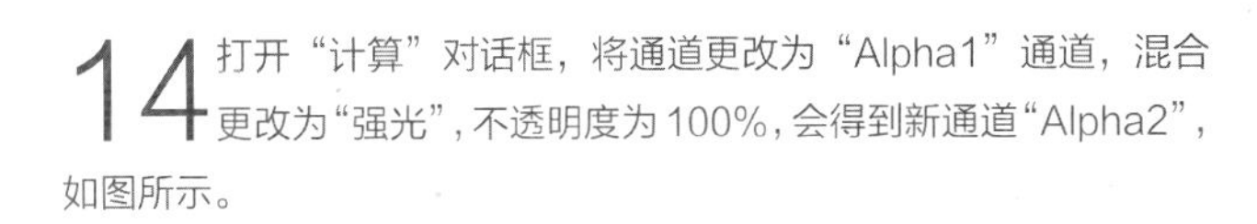

14 打开“计算”对话框，将通道更改为“Alpha1”通道，混合更改为“强光”，不透明度为100%，会得到新通道“Alpha2”，如图所示。

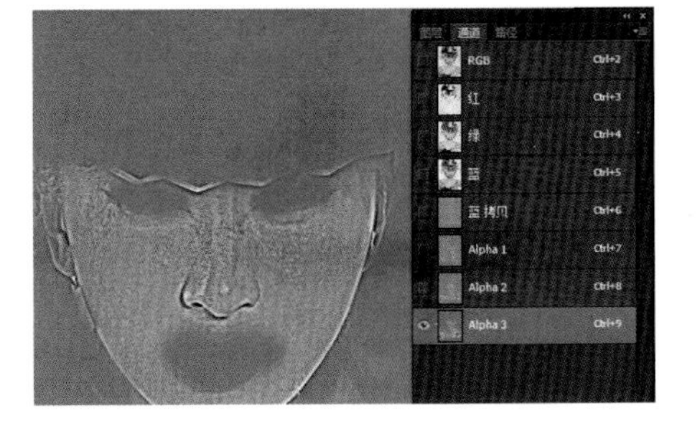

15 接下来再次执行计算命令，将通道更改为“Alpha2”通道，混合更改为“强光”，不透明度为100%，会得到新通道“Alpha3”，如图所示。

16 打开“通道”面板，按住 CTRL 键单击“Alpha3”通道获得选区，如图所示。

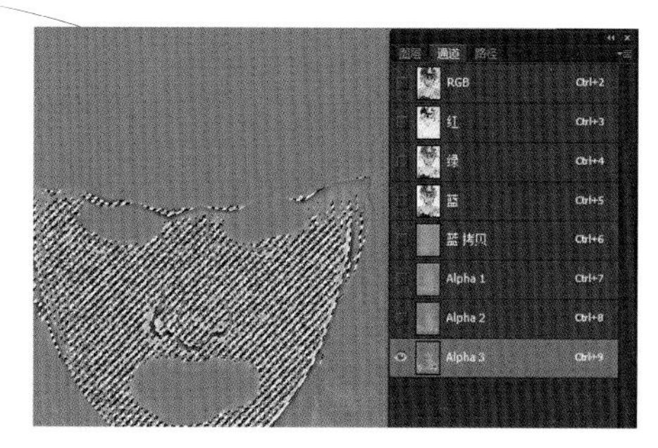

17 按快捷键“Ctrl+Shift+I”将选区进行反选，如图所示。

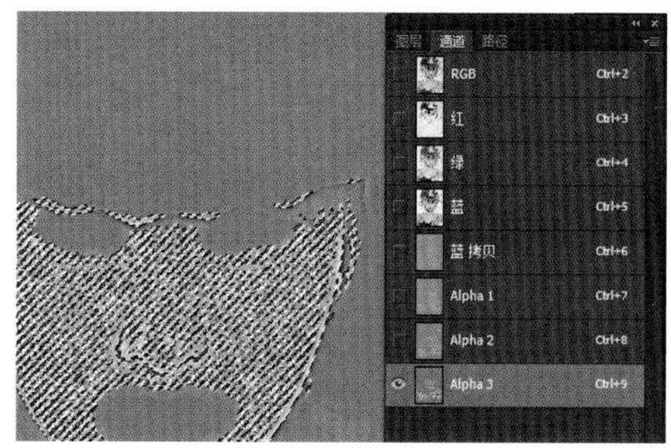

18 单击面板底部的“创建新的填充或调整图层”按钮，在弹出的菜单中选择“曲线”命令，如图所示。

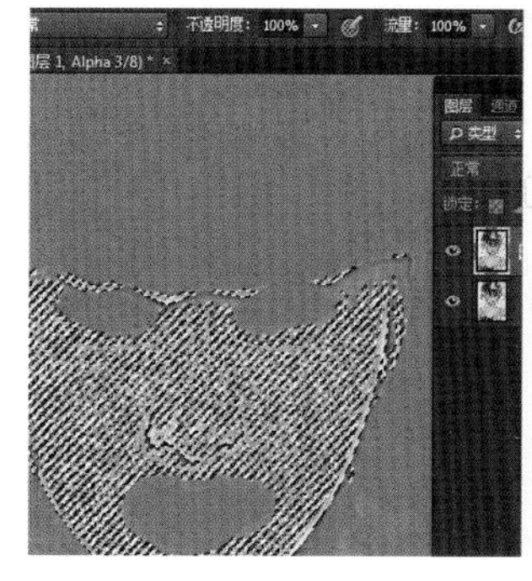

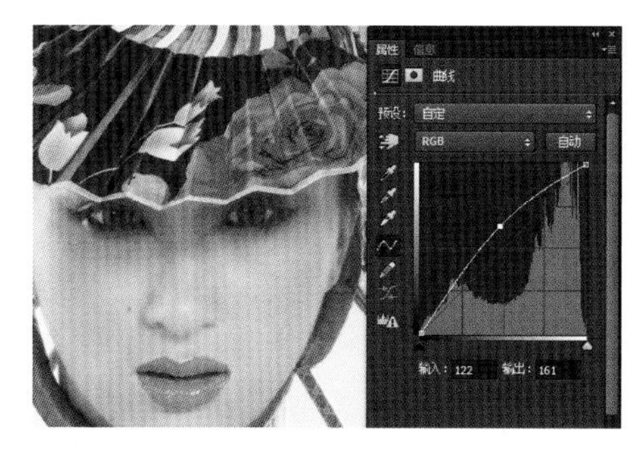

19 打开“曲线”调整对话框，向上拖动曲线，发现皮肤光滑了很多。在调整曲线的时候，可以按快捷键“Ctrl+H”将选区隐藏进行操作，效果如图所示。

20 按快捷键“Ctrl+Shift+Alt+E”盖印图层，得到“图层 2”，如图所示。

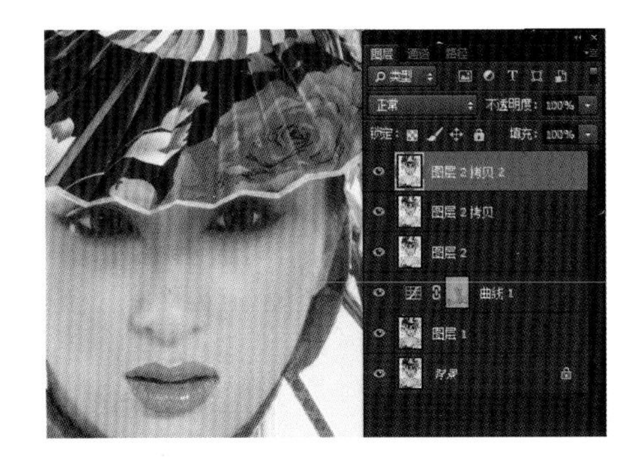

21 连续按快捷键“Ctrl+J”两次复制“图层 2”，得到“图层 2 拷贝”和“图层 2 拷贝 2”图层，如图所示。

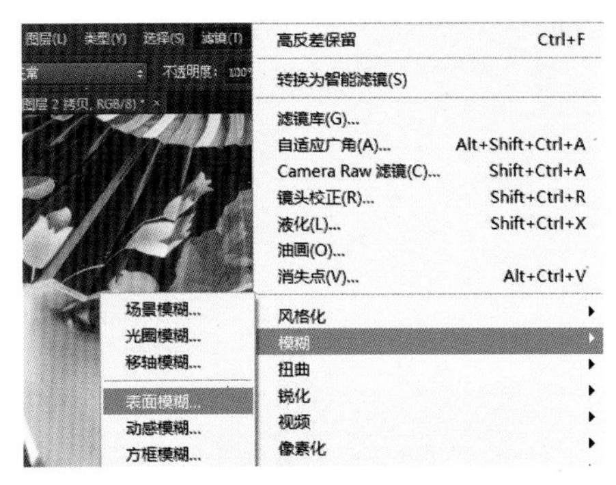

22 将“图层 2 拷贝 2”图层隐藏，选中“图层 2 拷贝”图层，执行“滤镜 > 模糊 > 表面模糊”命令，如图所示。

23 将表面模糊的半径更改为 15 像素，阈值更改为 20 色阶。半径越大，图像越模糊；阈值越大，图像的细节越不明显，如图所示。

24 将此图层的不透明度更改为 50%，如图所示。

25 将“图层 2 拷贝 2”图层显示出来，执行“图像 > 应用图像”命令，如图所示。

26 将通道选择为“红”通道，混合保持不变，不透明度为100%，如图所示。

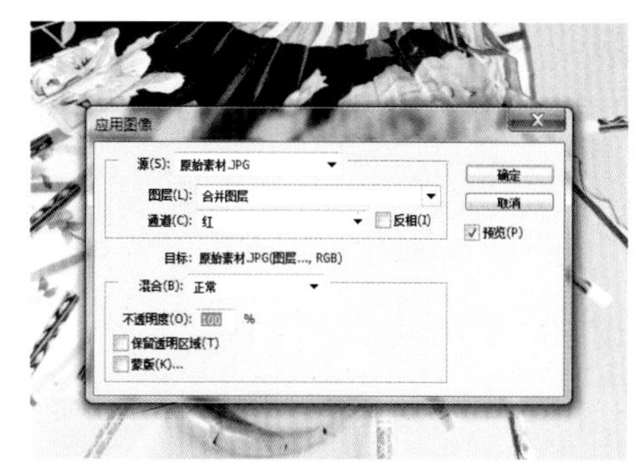

27 执行“滤镜 > 其他 > 高反差保留”命令，如图所示。

28 设置高反差保留半径为 0.8 像素，效果如图所示。

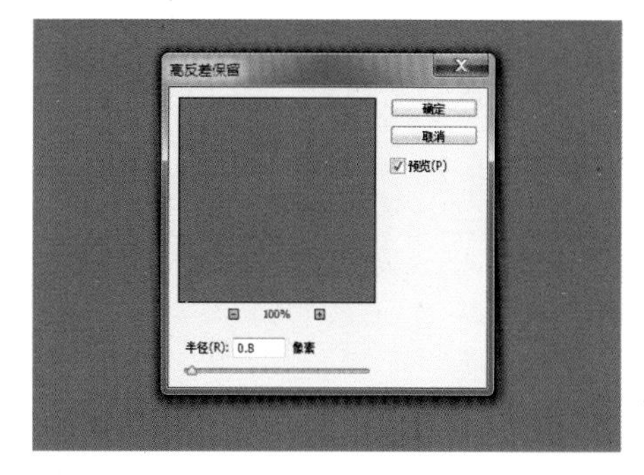

29 将此图层的混合模式更改为“线性光”，如图所示。

30 将图层 2 通道计算去斑层、图层 2 拷贝表面模糊层和图层 2 拷贝 2 红通道高反差保留层合并为组 1，混合模式更改为“穿透”，并添加黑色的蒙版，效果如图所示。

31 将前景色设置为白色，背景色设置为黑色，选择画笔工具，不透明度更改为80%，流量为100%，然后在皮肤上涂抹，皮肤质感就会慢慢地显现出来，如图所示。

Part3 色调处理

32 单击面板底部的“创建新的填充或调整图层”按钮，在弹出的菜单中选择“色阶”命令，参数分别为7、1.00、239，以增加图像的对比度，如图所示。

33 单击面板底部的“创建新的填充或调整图层”按钮，在弹出的菜单中选择“自然饱和度”命令，将自然饱和度追加到50，效果如图所示。

34 单击面板底部的“创建新的填充或调整图层”按钮，在弹出的菜单中选择“可选颜色”命令，选择颜色为红色，调整参数如下：青色，-50%；洋红，0%；黄色，0%；黑色，0%，同时选中“相对”选项，降低一下红色，效果如图。

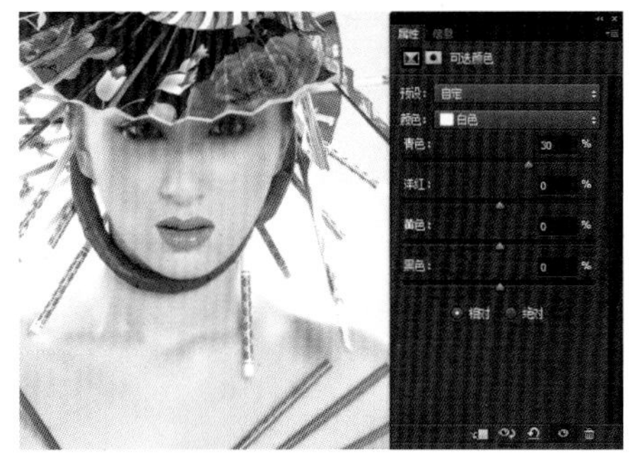

35 选择颜色为白色，调整参数如下：青色，+30%；洋红，0%；黄色，0%；黑色，0%，同时选中“相对”选项，增加一点青色，效果如图。

36 继续单击面板底部的“创建新的填充或调整图层”按钮，在弹出的菜单中选择“可选颜色”命令，选择颜色为白色，调整参数如下：青色，+100%；洋红，−100%；黄色，+100%；黑色，+100%，同时选中“相对”选项，主要是更改背景的颜色，效果如图所示。

37 单击蒙版，用画笔工具将人物擦拭出来，背景色变成了淡青色，效果如图所示。

Part4 局部亮度处理

38 按快捷键“Ctrl+Shift+Alt+E”盖印图层，得到“图层 3”，如图所示。

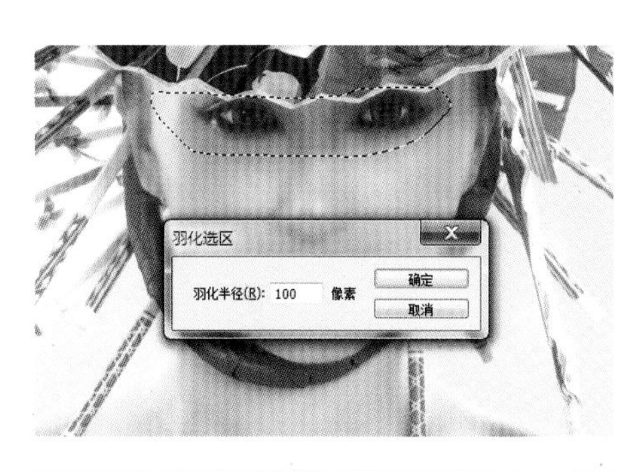

39 选择套索工具将扇子遮挡的眼睛部分勾选出来，并进行羽化，数值为 100 像素，如图所示。

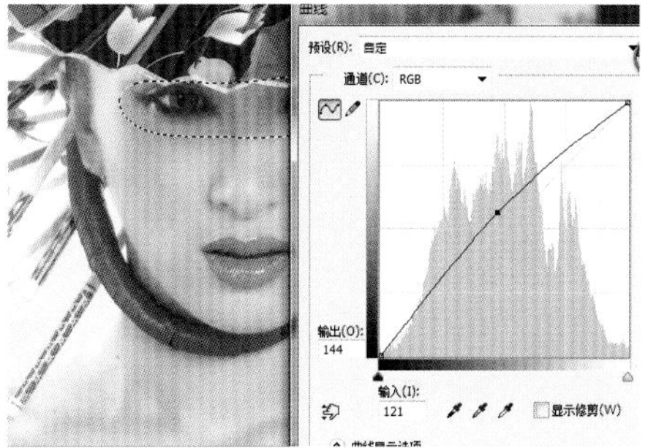

40 按快捷键“Ctrl+M”调出“曲线”命令，向上拖动曲线，增加眼睛部分的亮度，效果如图。

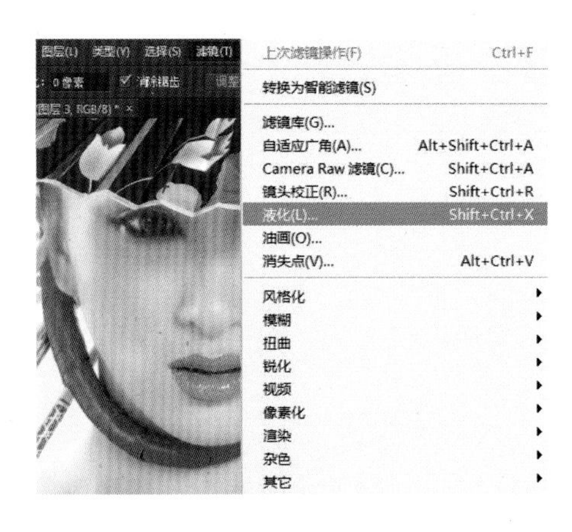

Part5 瘦身处理

41 执行“滤镜 > 液化”命令，其目的是对人物进行瘦身处理，如图所示。

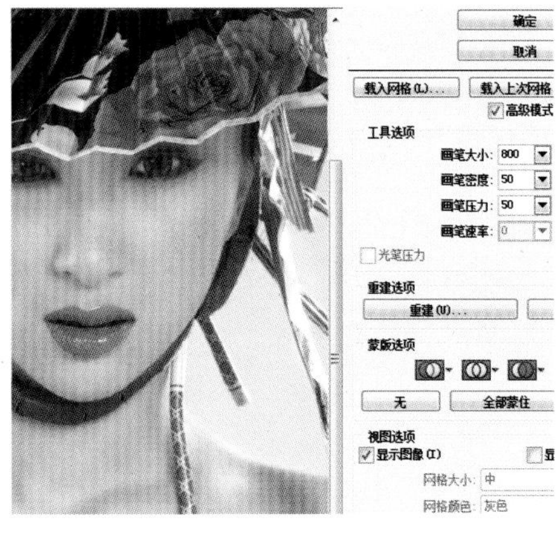

42 选择向前变形工具，并设置合适的画笔大小，修饰人物的脸型和肩膀部分，最终效果如图所示。

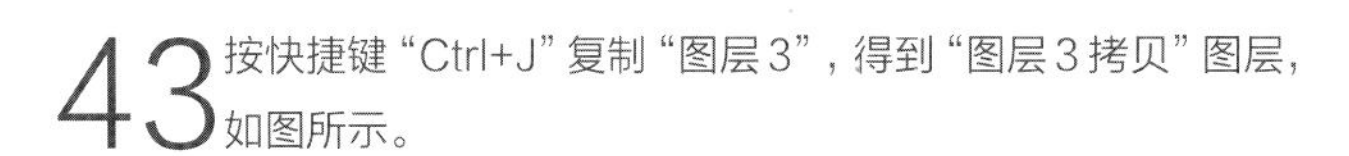

43 按快捷键“Ctrl+J”复制“图层 3”，得到“图层 3 拷贝”图层，如图所示。

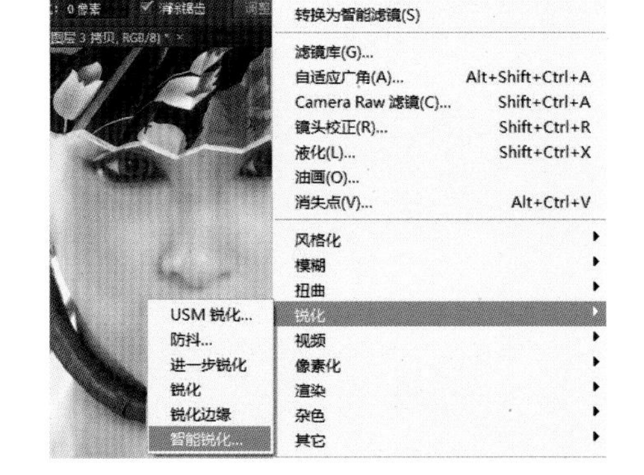

Part6 锐化处理

44 执行“滤镜 > 锐化 > 智能锐化”命令，如图所示。

45

将智能锐化的数量更改为 100%，半径更改为 1.0 像素，移去更改为“高斯模糊”，其他参数保持不变，如图所示。

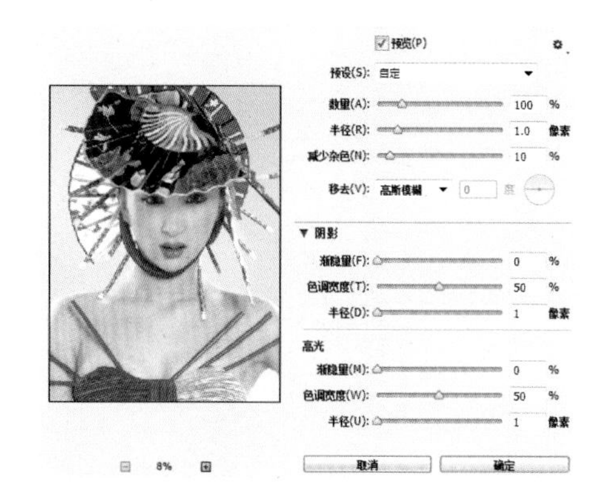

46

按快捷键“Ctrl+Shift+Alt+E”盖印图层，得到“图层 4”。盖印就是将处理后的效果盖印到新的图层上，功能和合并图层差不多，但是盖印是重新生成一个新的图层而一点都不会影响之前所处理的图层。这样做的好处就是，如果觉得之前处理的效果不太满意，可以删除盖印图层，但之前做效果的图层依然还在，极大地方便了我们处理照片，也可以节省时间。执行“滤镜 > 其他 > 自定”命令，如图所示。

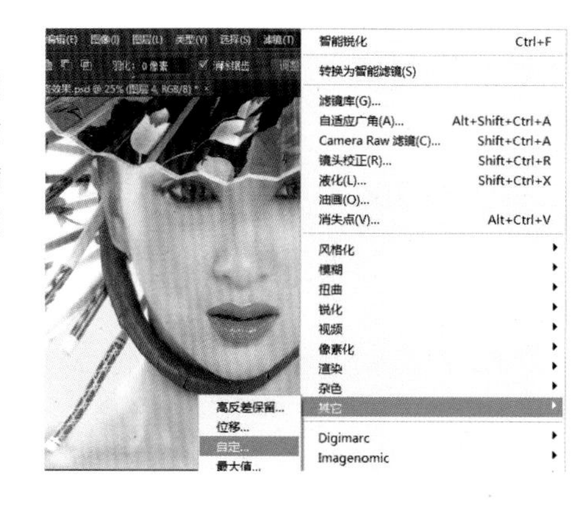

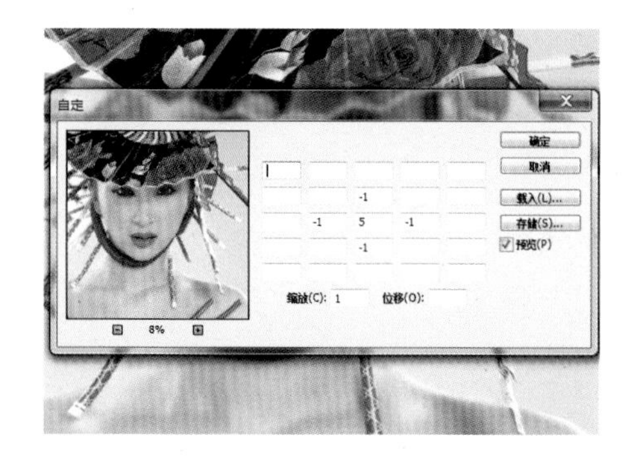

47

打开“自定”对话框，将缩放更改为 1，其他参数保持不变，直接点击“确定”按钮，如图所示。

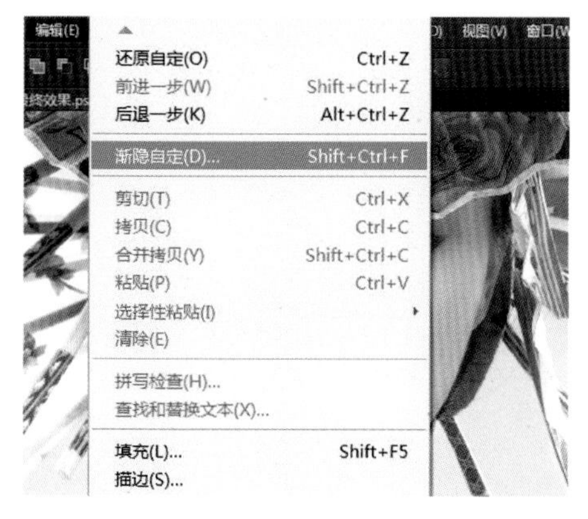

48

执行“编辑 > 渐隐自定”，如图所示。

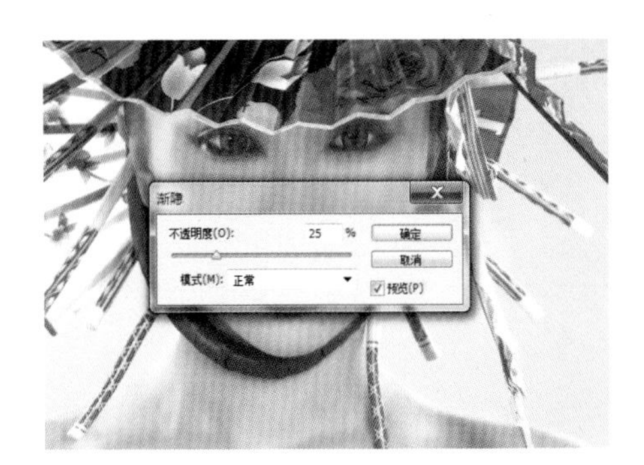

49 将渐隐不透明度更改为25%，模式为“正常”，点击“确定”按钮，如图所示。

50 单击“图层”面板底部的“添加图层蒙版”按钮，得到白色的蒙版，将前景色设置为黑色，背景色设置为白色，选择画笔工具，设置合适的画笔大小，硬度为0%，不透明度为80%，然后擦除皮肤以外的部分，如图所示。

51 合并所有图层，最终效果如右图所示。

02 粉妆玉琢★★★★★

——私房粉嫩照片的处理

这是一组十分吸引眼球的室内摄影作品，策划的时候决定以五彩纱为主要元素，让模特顺势躺在背景布上，使模特周围和身体的关键部位布满纱。拍摄非常简单，主要是利用光线来勾勒出人物的形体，后期重新构图、修形，并进行色调的处理，使整体色调和风格得到统一。

后期处理中，首先利用 Camera Raw 插件对 RAW 格式的照片进行初步调整，接着对照片进行重新构图和瘦身处理。然后利用修复画笔、纯色、色彩平衡等工具对照片进行皮肤和色调处理。最后利用素材对照片进行合成处理和锐化处理。（摄影：多拍）

■后期处理技术要点

- ■纯色命令的运用
- ■皮肤处理工具的综合运用
- ■素材的运用
- ■锐化的运用

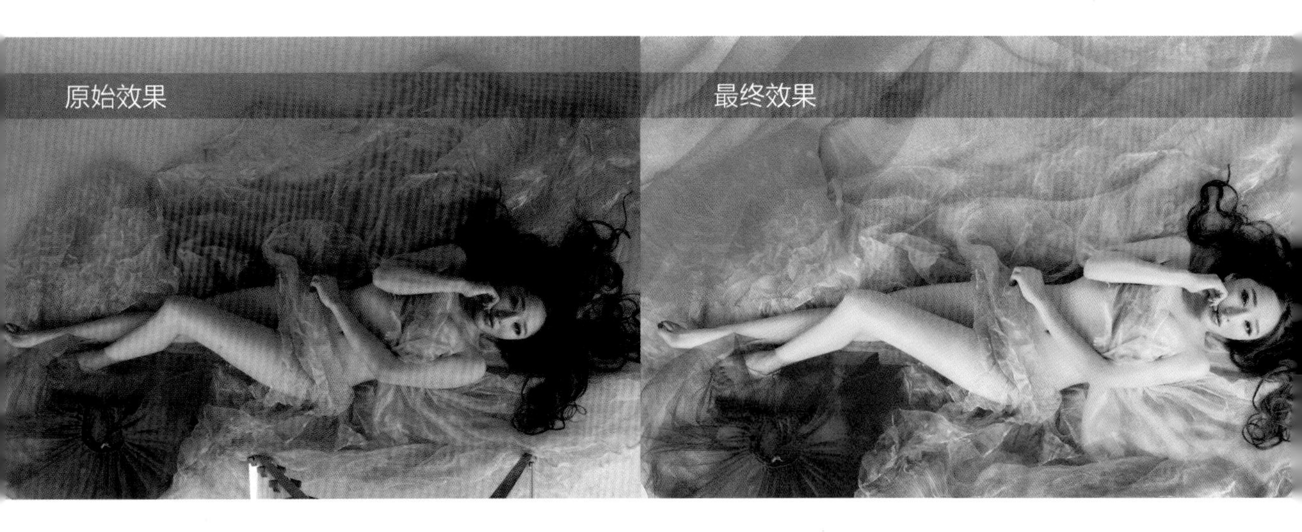

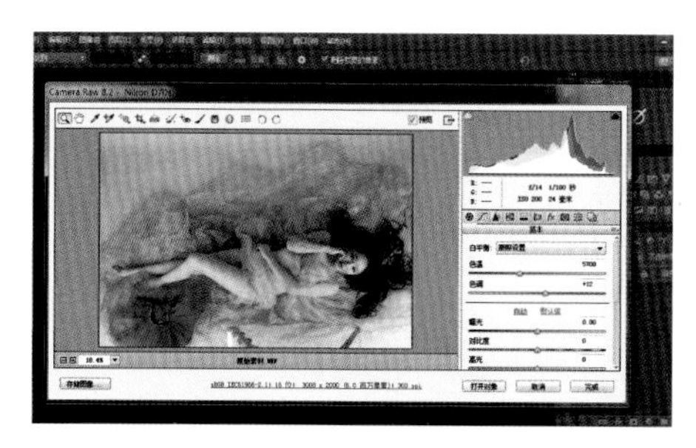

Part1 RAW 初步调整

01 打开 Adobe Photoshop CC 软件，将原始 RAW 格式的图像直接拖进来，Camera Raw 插件会自动打开原始图像，如图所示。

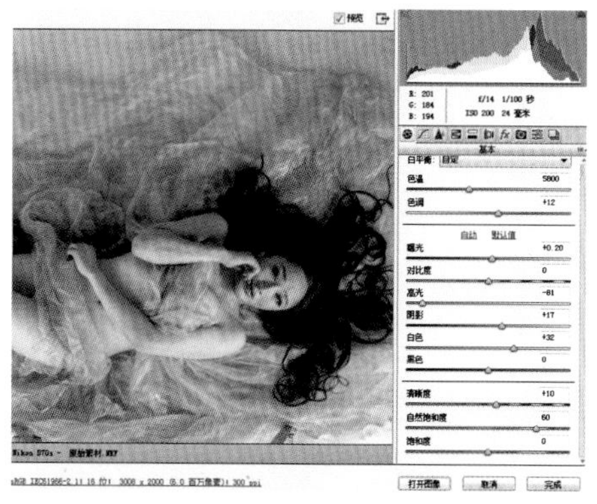

02 此时软件会自动调用 Camera Raw 插件打开 RAW 文件，然后将色温更改为 5800，色调更改为 +12，曝光更改为 +0.20，高光更改为 -81，阴影更改为 +17，白色更改为 +32，清晰度更改为 +10，自然饱和度更改为 60，其他参数保持不变，目的是对图像进行整体的调整，让曝光正确，对比度合理，色调准确。设置完成后，单击下方的“打开图像”按钮，如图所示。

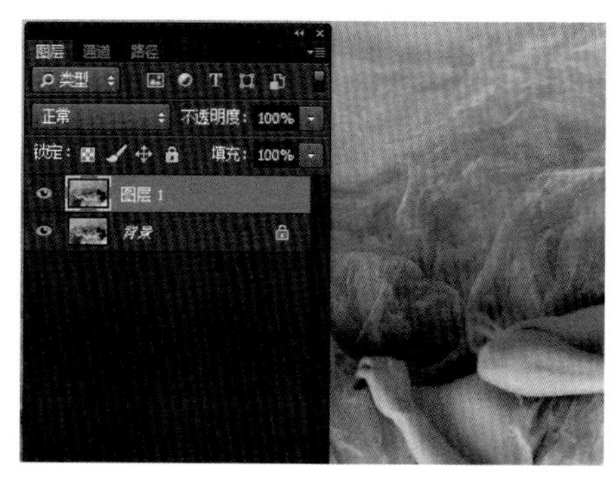

03 按住“背景”图层不放向下拖拽至“新建图层”按钮上，得到“图层 1”，对原片进行备份，如图所示。

Part2 构图调整

04 按快捷键“C”选择裁剪工具，裁切掉画面中不需要的部分，并进行重新构图操作，效果如图所示。

Part3 瘦身处理

05 执行“滤镜 > 液化”命令，其目的是对人物进行瘦身处理，如图所示。

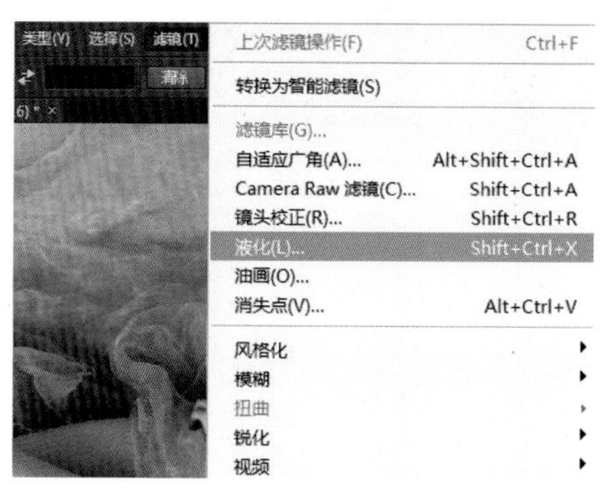

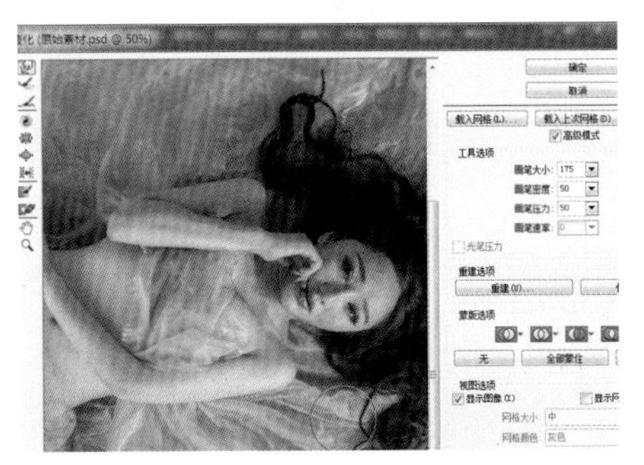

06 选择向前变形工具，并设置合适的画笔大小，修饰人物的脸型、胳膊、腰部、腿形和图像的边缘部分，而且边缘部位要向画布边缘拖动，使其覆盖白色部分，修饰最终效果如图所示。

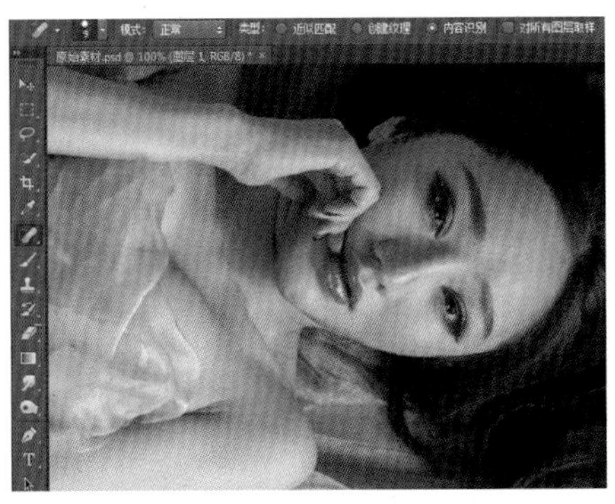

Part4 皮肤和色调处理

07 选择污点修复画笔工具，设置适当的画笔大小，修除人物身上的小斑点，如图所示。

08 单击面板底部的“新建图层”按钮 ，得到“图层 2”，如图所示。

09 在工具栏选择仿制图章工具，将不透明度设置为 30% 左右，样本选择为“当前和下方图层”。然后按住 Alt 键，在较好的皮肤处单击一下鼠标后松开鼠标，则这个地方的皮肤即被选择。最后在要修改的皮肤处单击鼠标，则这个区域的皮肤被替换为周围比较理想的皮肤，以此方法修除人物脖子上的褶皱部分，效果如图。

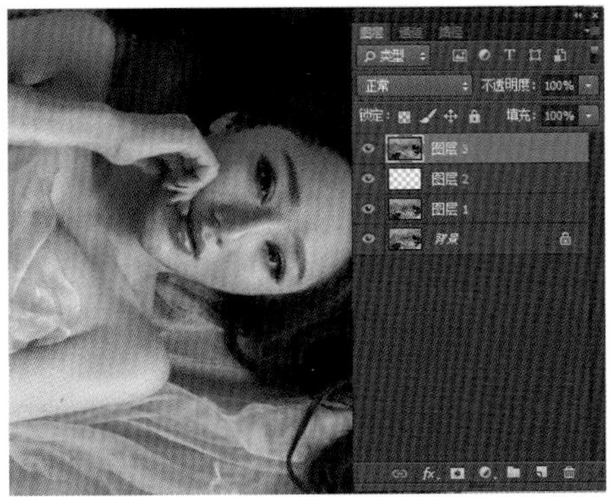

10 按快捷键“Ctrl+Shift+Alt+E”盖印图层，得到“图层 3”，如图所示。

11 进入“通道”面板，按住 Ctrl 键，用鼠标单击 RGB 总通道，其目的是调出照片的高光选区，如图所示。

12 单击面板底部的“创建新的填充或调整图层”按钮，在弹出的菜单中选择“纯色”命令，如图所示。

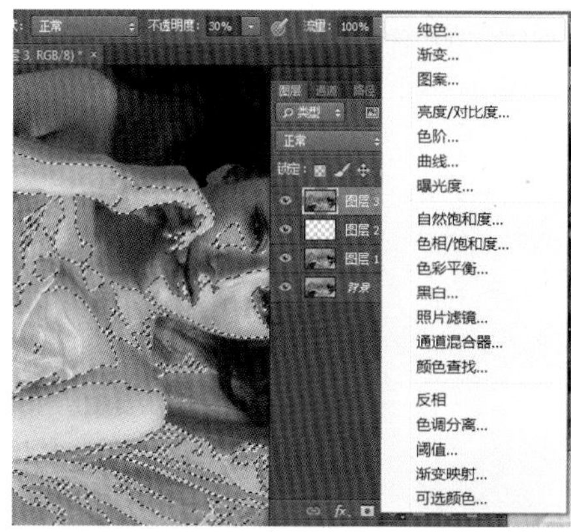

13 打开“拾色器”对话框，将颜色设置为白色（RGB：255、255、255），或者直接输入数值“#ffffff”，如图所示。

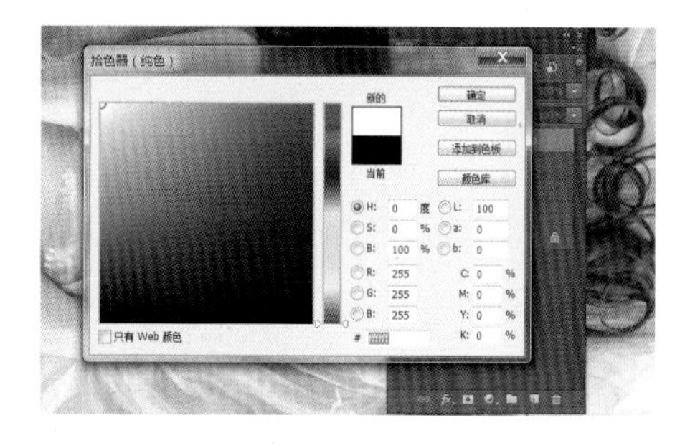

14 将此图层的混合模式更改为“柔光”，不透明度更改为 60%，其目的是提高人物肤色的通透性，如图所示。

15 将前景色设置为黑色，背景色设置为白色。选择画笔工具，设置合适的画笔大小，硬度为 0%，不透明度为 80%，然后擦除背景部分，以增加人物皮肤的光感效果，如图所示。

16 单击面板底部的“创建新的填充或调整图层”按钮，在弹出的菜单中选择“通道混合器”命令，如图所示。

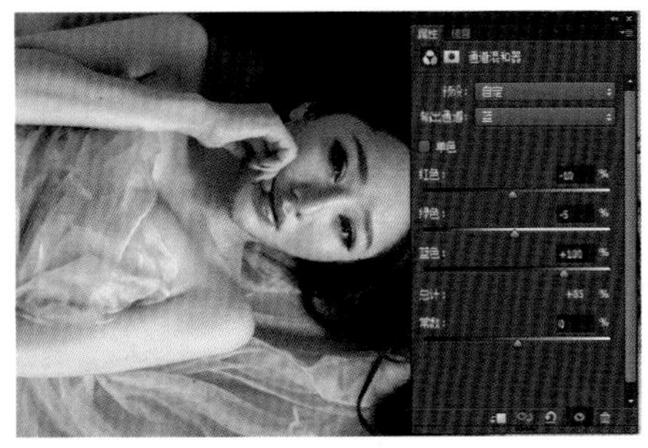

17 打开“通道混合器”对话框，输出通道选择“蓝”，参数设置如下：红色，−10%；绿色，−5%；蓝色，+100%。其目的是改变画面的色彩，增加一点蓝色，如图所示。

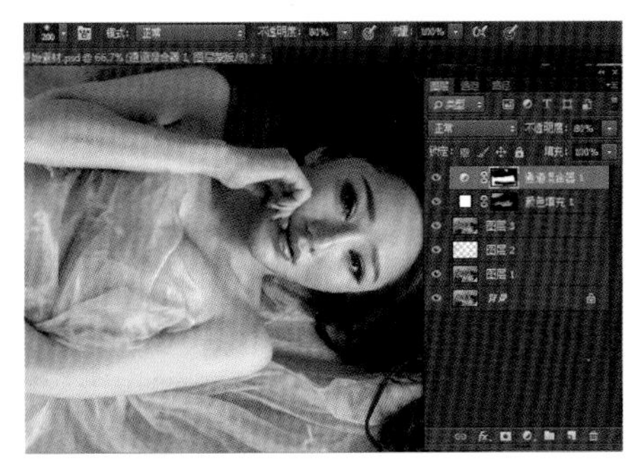

18 选择蒙版，用黑色画笔擦出背景部分，其目的主要是调整人物的肤色，如图所示。

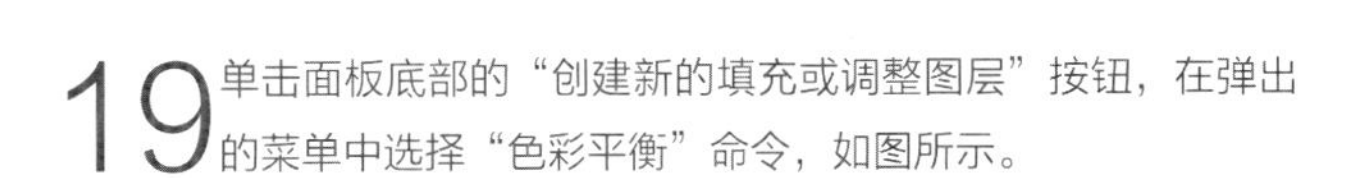

19 单击面板底部的“创建新的填充或调整图层”按钮，在弹出的菜单中选择“色彩平衡”命令，如图所示。

20 打开“色彩平衡”调整对话框，选择色调为“中间调”，将红色增加到+7，绿色减少到−10，蓝色减少到−4，并选中“保留明度”选项，这一步骤主要是使画面偏向于暖色调，效果如图所示。

21 单击面板底部的“创建新的填充或调整图层”按钮，在弹出的菜单中选择“曲线”命令，如图所示。

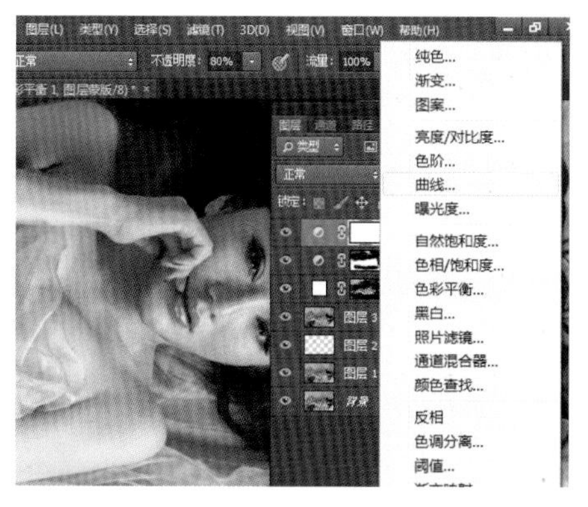

22 打开“曲线”调整对话框，向上拖动曲线，其目的是使照片的整体亮度被提高，效果如图所示。

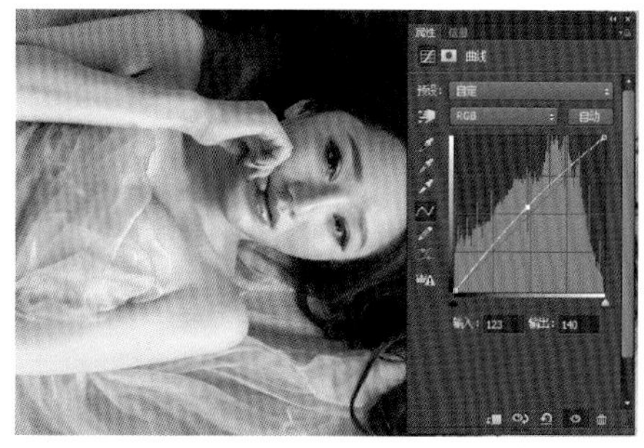

23 新建“图层 4”，将前景色设置为 RGB：204、71、169，或者直接输入数值“#cc47a9”，如图所示。

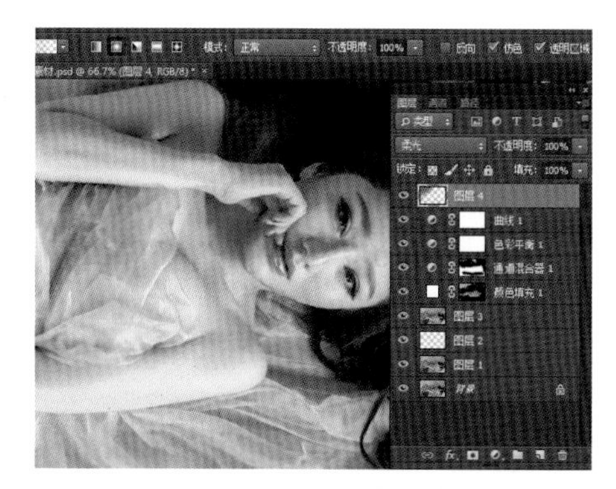

24 将“图层 4”的混合模式更改为“柔光”，然后选择渐变工具，在图像的左上角向中间拖出一条渐变，主要是覆盖左上角背景中的白色部分，如图所示。

25 按快捷键“Ctrl+Shift+Alt+E”盖印图层，得到“图层 5”，如图所示。

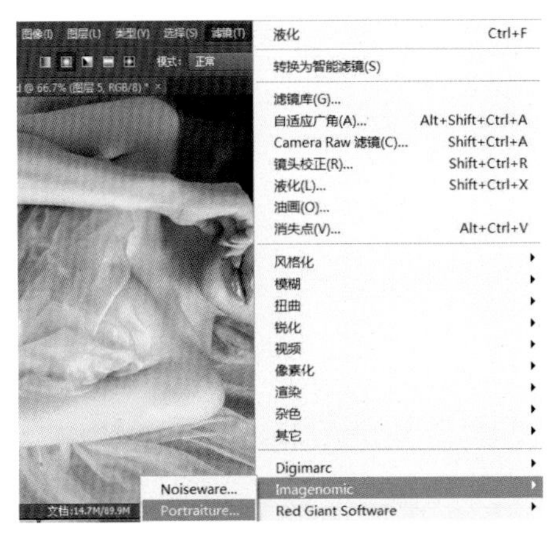

26 执行“滤镜 >Imagenomic>Portraiture”命令，Portraiture 是一款插件，可以对皮肤进行自动的磨皮处理，而且能保留皮肤的质感，是一款非常不错的皮肤处理插件。

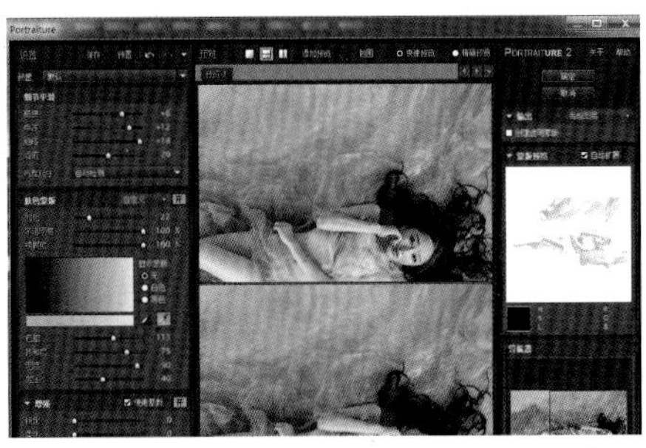

27 打开“Portraiture”对话框，调整参数如下：精细，+8；中等，+12；粗略，+18；阈值，20；羽化，22；色相，113；饱和度，75；明度，90；范围，40；锐化，0；柔化，0，其他参数保持不变。效果如图所示。

Part5 素材合成

28 将“纱织素材”导入到 PS 中，如图所示。

29 选择移动工具，将素材拖到画布中，并调整至合适的大小，将“图层 6”的混合模式更改为“柔光”，如图所示。

30 单击“图层”面板底部的“添加图层蒙版”按钮，得到白色的蒙版，将前景色设置为黑色，背景色设置为白色，选择画笔工具，设置合适的画笔大小，硬度为 0%，不透明度为 10%，然后擦除人物的身体部分，使其不受纱织素材的覆盖，如图所示。

31 用同样的方法导入光斑素材，并进行处理，效果如图所示。

32 按快捷键“Ctrl+Shift+Alt+E”盖印图层，得到“图层 8”，并将此图层进行复制，得到“图层 8 拷贝”图层，如图所示。

33 执行“滤镜 > 模糊 > 高斯模糊”命令，如图所示。

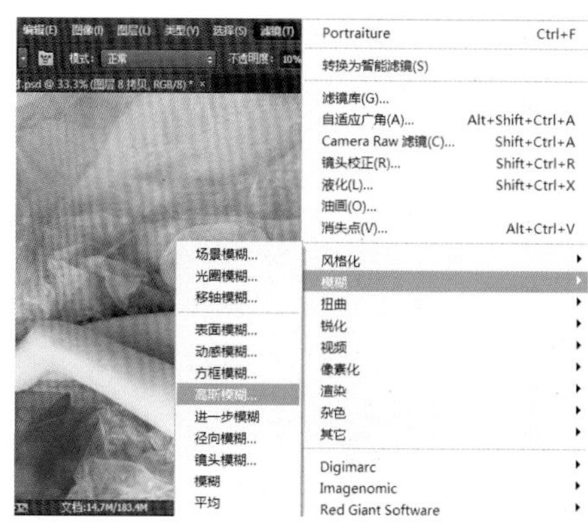

34 打开“高斯模糊”对话框，将高斯模糊半径更改为 10 像素，如图所示。

35 将此图层的混合模式更改为“柔光”，不透明度更改为 40%，并添加图层蒙版，将人物擦出来，其目的是增加背景的模糊和柔化效果，如图所示。

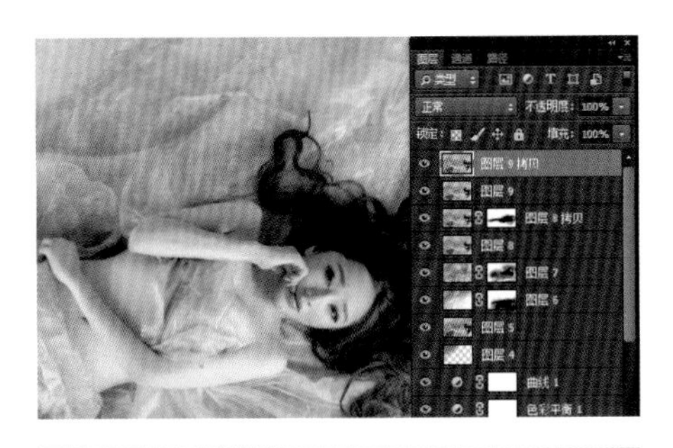

36 按快捷键“Ctrl+Shift+Alt+E”盖印图层，得到“图层 9”，并将此图层进行复制，得到“图层 9 拷贝”图层，如图所示。

Part6 锐化处理

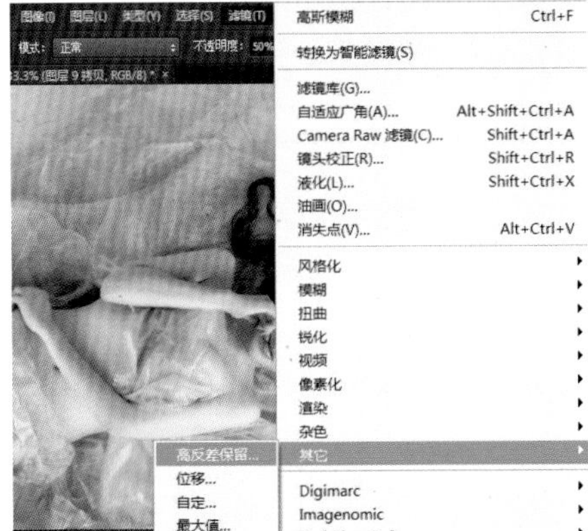

37 执行“滤镜 > 其他 > 高反差保留”命令，如图所示。

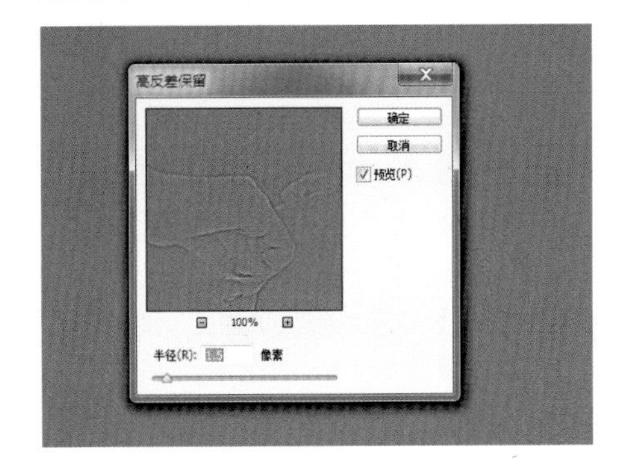

38 设置高反差保留半径为 1.5 像素，建议人像的锐化操作半径数值在 0.7-1.5 之间，数值不宜过大，效果如图所示。

39 将“图层 9 拷贝”图层的混合模式更改为“线性光”，不透明度设置为“25%”，其目的是加强照片的轮廓质感，效果如图所示。

40 添加图层蒙版，擦除粗糙的部分，效果如图所示。

41 合并所有图层，最终效果如下图所示。

03 朝花夕拾★★★

——舞台剧照图像的处理

这是一张舞台演出的照片，拍摄时由于现场光比较复杂，造成白平衡不是很准确，所以在后期处理的时候一定要进行白平衡和曝光的调整，将白平衡校正过来，以增加图像的整体亮度，并且对图像进行适当的降噪处理，减少片子的噪点。

■后期处理技术要点

- Camera Raw 插件的运用
- Noiseware 插件的运用
- 锐化的运用

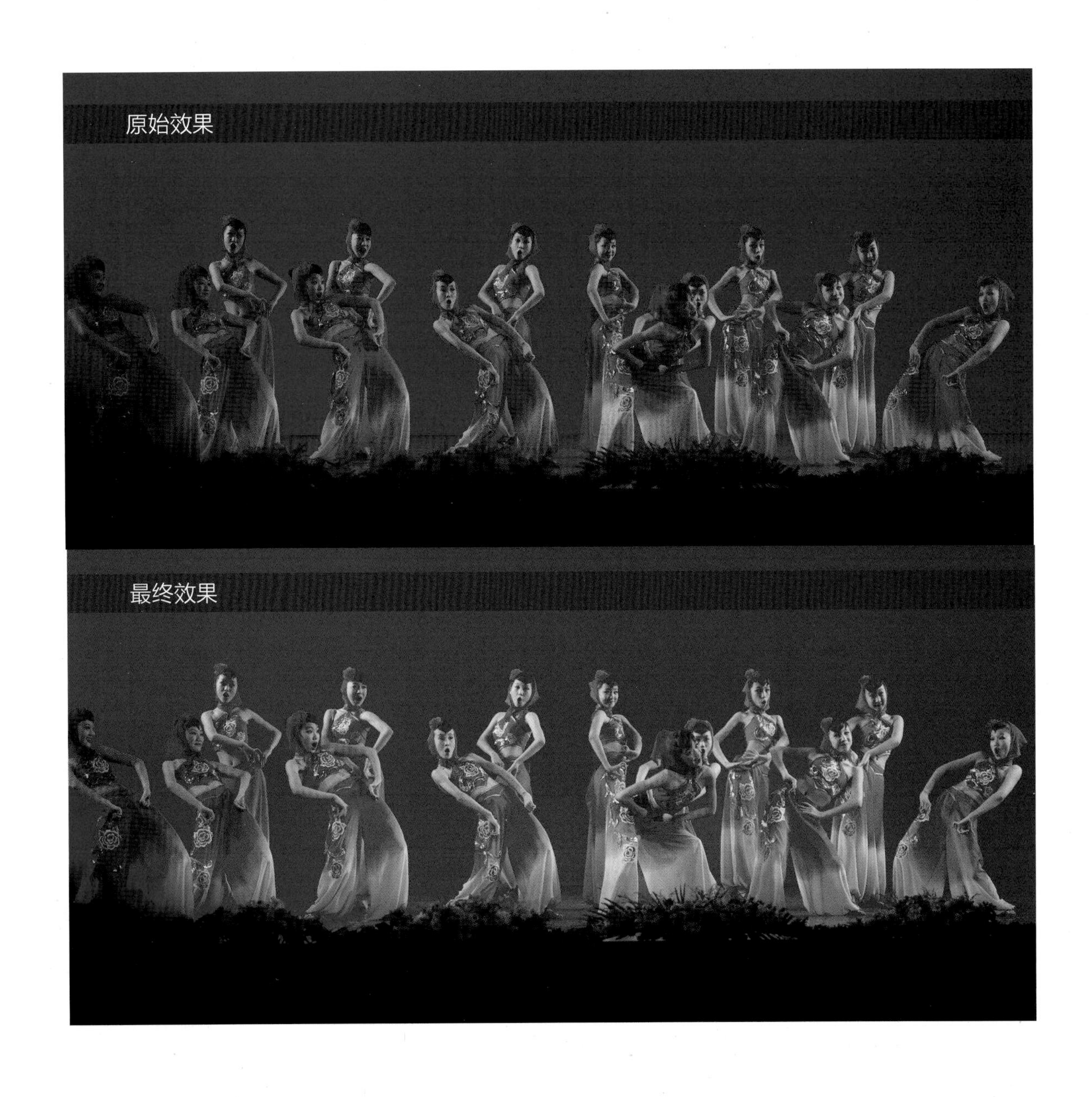

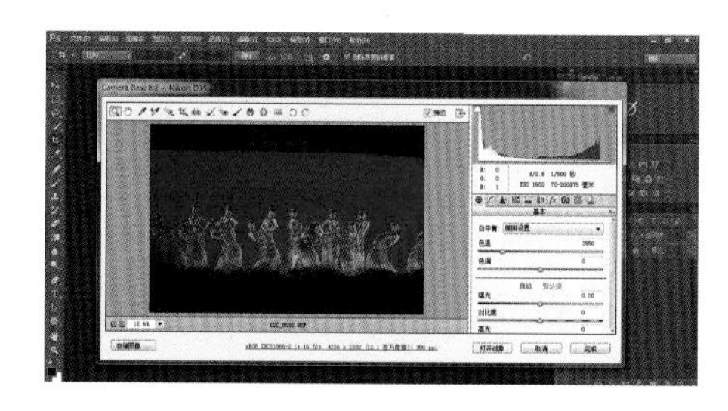

Part1 RAW 格式整体调整

01 打开 Adobe Photoshop CC 软件，将原始 RAW 格式照片直接拖拽至画布中，Camera Raw 插件会自动打开原始照片，如图所示。

02 按快捷键“F”将 Camera Raw 插件切换到全屏模式，首先在“基本”选项卡下调整，先将鼠标指针移动到曝光参数的中间部分，按住鼠标左键，向右拖动三角滑块，将曝光部分的数值调整为 +1.00，这样能使照片整体被提亮；将阴影部分的数值调整为 +50，增加阴影部分的亮度；将黑色部分的数值调整为 -30，降低一点黑色的数值。然后观察图像，如果发现曝光还不准确，可以再适当地调整。

03 接着将色温部分的数值调整为 2300，色调部分的数值保持不变，让片子整体偏向于冷色调蓝色，效果如图所示。

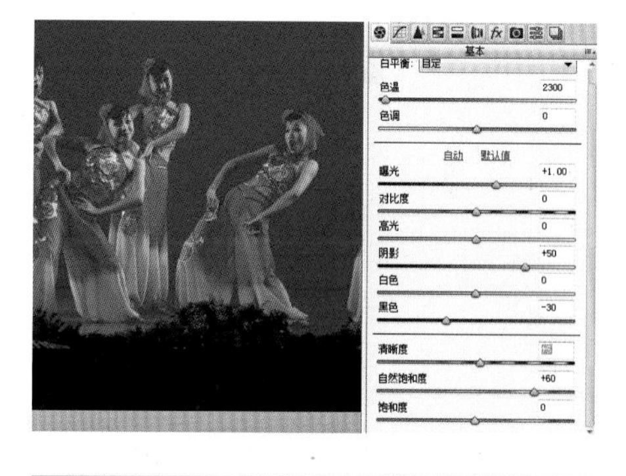

04 继续将清晰度部分的数值增加到 +5，加强一点锐度；将自然饱和度部分的数值增加到 +60，让图像变得更加鲜艳，效果如图所示。

05 打开“HSL/ 灰度”选项卡，将“饱和度”选项中蓝色部分的数值增加到 +20，以加强蓝色的饱和度，效果如图所示。

06 打开“镜头校正”选项卡，单击“手动”选项，选择水平校正，软件会自动校正照片的水平，校正效果如图所示。

07 选择插件最上方的裁切工具，然后在图像上拖动，将图像进行二次构图处理，裁切的效果如图所示。

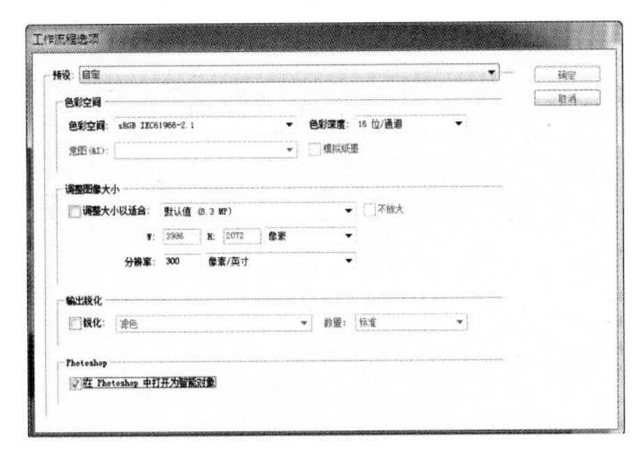

08 紧接着点击最下方的“工作流程选项”，检查一下色彩空间和图像的大小，将色彩空间设置为 sRGB 模式，色彩深度设置为 16 位 / 通道，图像大小保持不变，勾选上“在 Photoshop 中打开为智能对象”选项。等全部调整结束后，单击图像下方的“打开图像”按钮，则照片会自动转换成 JPG 格式并在 Photoshop 中打开。

Part2 降噪处理

09 按快捷键“Ctrl+J”复制“DSC_0532”图层，得到“DSC_0532 拷贝”图层，对图层进行备份，如图所示。

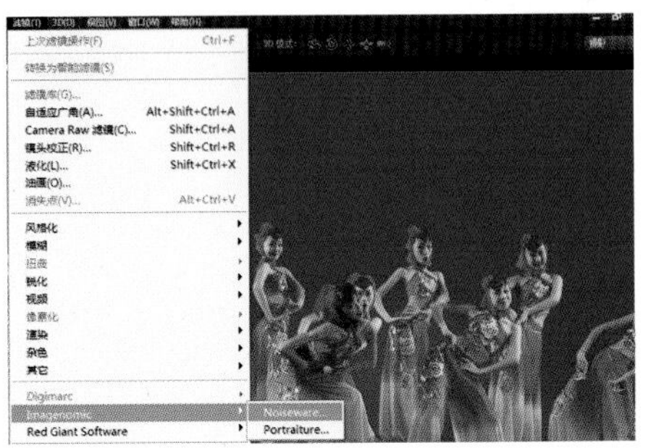

10 执行“滤镜 >Imagenomic>Noiseware”命令，对图像进行降噪处理。

11 打开“Noiseware”对话框，将预置更改为“肖像”，其他参数保持不变。对于我们平时拍摄的糖水片，使用默认的设置即可达到理想的效果，如果想进一步调整，可以微调一下下面的各项参数，切忌调整的参数数值过大。

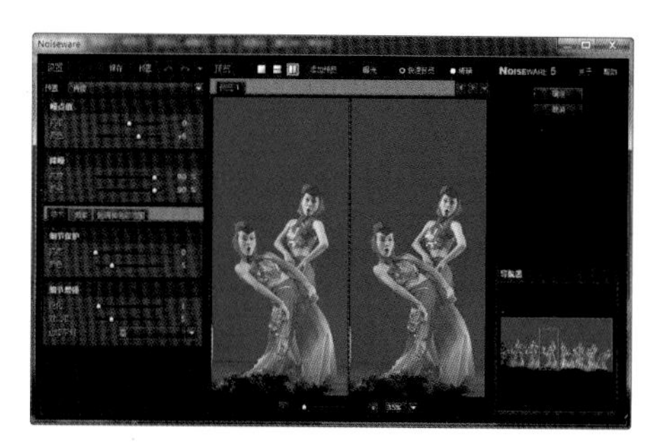

Part3 锐化处理

12 按快捷键“Ctrl+J”复制“DSC_0532 拷贝”图层，得到“DSC_0532 拷贝 2”图层，对图层进行复制，如图所示。

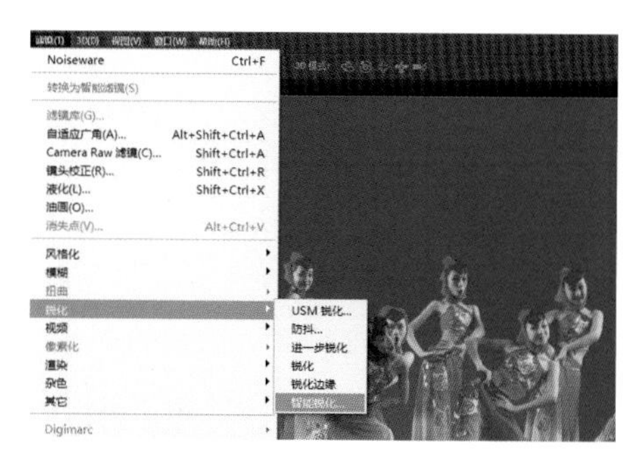

13 执行“滤镜 > 锐化 > 智能锐化”命令，如图所示。

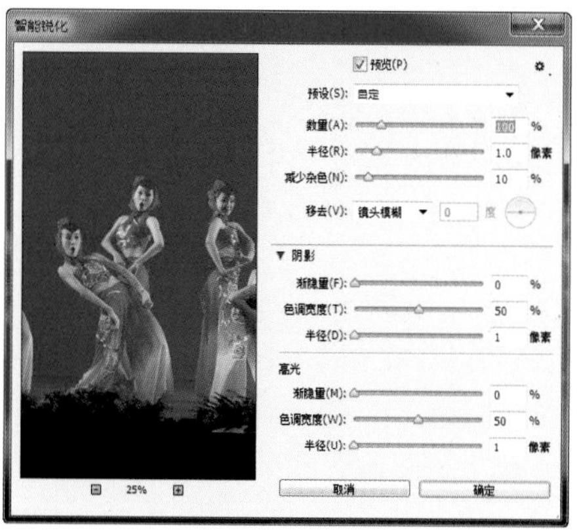

14 将智能锐化的数量更改为 100%，半径更改为 1 像素，减少杂色更改为 10%，移去更改为“镜头模糊”，其他参数保持不变，如图所示。

15 合并所有图层，最终效果如下图。

04 炫彩写真★★★

——写真风格照片的处理

这是一张写真照片，前期拍摄的效果很理想，所以后期只需要简单处理一下，就可以得到完美的优秀作品。调整时要注意色彩的整体控制和光影的重塑，并适当地加深或减淡，增添画面的艺术氛围。

■后期处理技术要点

- ■镜头校正的运用
- ■光影重塑的运用
- ■仿制图章工具的运用
- ■去色的运用

Part1 RAW 初步调整

01 打开 Adobe Photoshop CC 软件，将原始 RAW 格式照片直接拖至画布中，Camera Raw 插件会自动打开原始照片，如图所示。

02 按快捷键“F”将 Camera Raw 插件切换到全屏模式，首先在“基本”选项卡下调整。先将鼠标指针移动到曝光参数的中间部分，按住鼠标左键，向右拖动三角滑块，将曝光部分的数值调整到 +0.15，这样能使照片整体被提亮。再将对比度部分的数值调整为 +13，高光部分的数值调整为 -41，白色部分的数值调整为 -31，黑色部分的数值调整为 +29，清晰度部分的数值增加到 +22，自然饱和度部分的数值增加到 +38，让照片更加鲜艳。最后将色温部分的数值调整为 5150，色调部分的数值调整为 -1，效果如图所示。

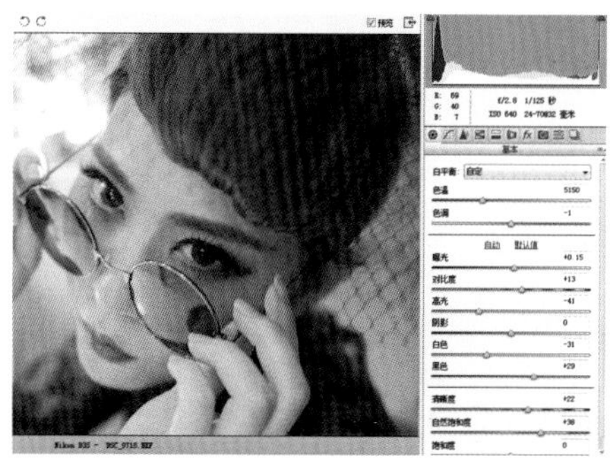

03 调整结束后，单击照片下方的“打开图像”按钮，则照片会自动转换成 JPG 格式并在 PS 中打开，效果如图所示。

Part2 皮肤及色调处理

04 按快捷键“Ctrl+J”复制“背景”图层，得到“图层 1”，对原片进行备份，如图所示。

05 在 Photoshop CC 左侧的工具栏中选择仿制图章工具，将不透明度设置为 20%，然后按住 Alt 键，在要修改的区域周围较好的皮肤处单击一下鼠标后松开鼠标，则这个地方的皮肤被选择。之后在要修改的皮肤处单击鼠标，则这个区域的皮肤被替换为周围比较理想的皮肤。注意要尽量单击去修改皮肤，不要滑动鼠标去修改大面积的皮肤，用这样的方法可修饰人物头发下产生的阴影，效果如图所示。

06 单击面板底部的“创建新的填充或调整图层”按钮，在弹出的菜单中选择“自然饱和度”命令，如图所示。

07 打开“自然饱和度”调整对话框，将鼠标移动到“自然饱和度”选择区域的中间部分，按住鼠标左键，向右拖动三角滑块，将自然饱和度的数值调整为 +20，可以看到照片的饱和度在精细地增加，使原本无法显示的颜色显现出来，效果如图所示。

08 单击面板底部的“创建新的填充或调整图层”按钮，在弹出的菜单中选择“可选颜色”命令，如图所示。

09 打开“可选颜色”调整对话框，对照片中红色的部分进行色彩调整。将鼠标指针移动到青色选择区域的中间部分，按住鼠标左键，向左拖动三角滑块，将青色部分的数值调整为 -18%，这样能对照片中的红色部分追加一些红色，其他参数保持不变，如图所示。

10 继续对照片中黄色的部分进行色彩调整，将鼠标指针移动到青色选择区域的中间部分，按住鼠标左键，向左拖动三角滑块，将青色部分的数值调整为 -12%，这样能对照片中的黄色部分追加一些红色，其他参数保持不变，如图所示。

Part3 光影重塑

11 按快捷键“Ctrl+Shift+N”新建图层，打开“新建图层”对话框，将模式更改为“柔光”，勾选上“填充柔光中性色(50%灰)”命令，如图所示。

12 选择减淡和加深工具，曝光度设置在10%左右，然后在人物的五官上涂抹，进行光影的重塑，让人物看起来更加立体，效果如图所示。

13 按快捷键“Ctrl+Shift+Alt+E”盖印图层，得到“图层3”，如图所示。

14 此时发现模特的眼袋有些重，利用仿制图章工具修除人物的眼袋，如图所示。

15 按快捷键“Ctrl+J”复制“图层3”，得到“图层3拷贝”图层，如图所示。

Part4 暗角效果

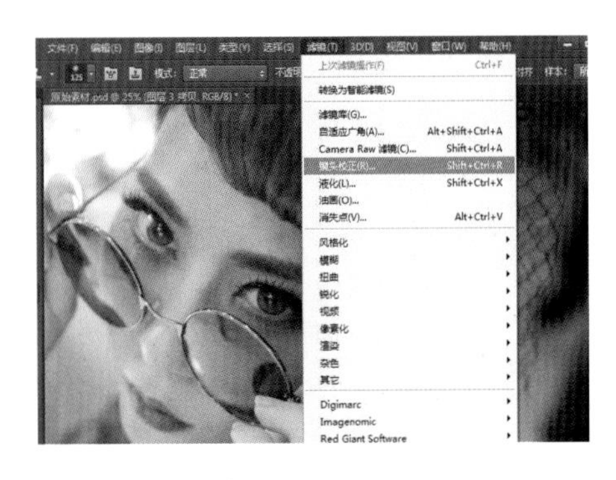

16 执行“滤镜 > 镜头校正”命令，目的是制作出照片四周暗角的效果。

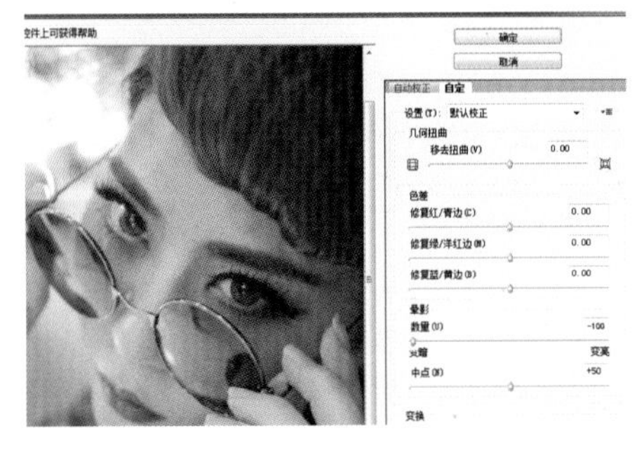

17 打开“镜头校正”对话框，将晕影数量更改为 -100，效果如图所示。

18 按快捷键“Ctrl+J”复制“图层 3 拷贝”图层，得到“图层 3 拷贝 2”图层，将此图层的混合模式更改为“柔光”，不透明度更改为 20%，增加照片的柔化效果，如图所示。

19 按快捷键“Ctrl+Shift+Alt+E”盖印图层，得到“图层 4”，如图所示。

Part5 锐化处理

20 按快捷键“Ctrl+J”复制“图层 4”，得到“图层 4 拷贝”图层，如图所示。

21 执行“图像 > 调整 > 去色”命令，如图所示。

22 执行“滤镜 > 其他 > 高反差保留”命令，目的是做锐化，增加照片的清晰度。

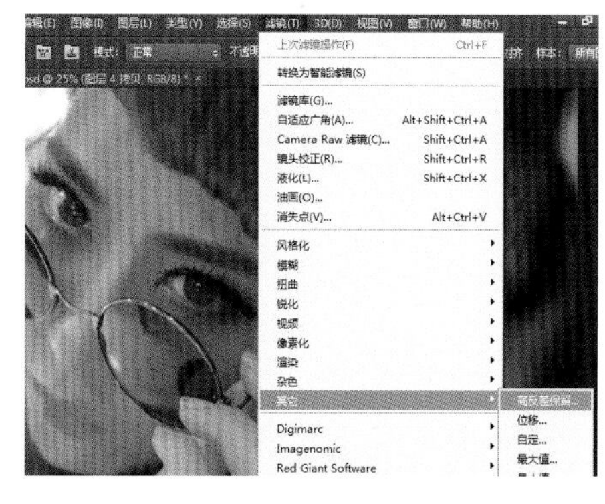

23 设置高反差保留半径为 1.0 像素，效果如图所示。

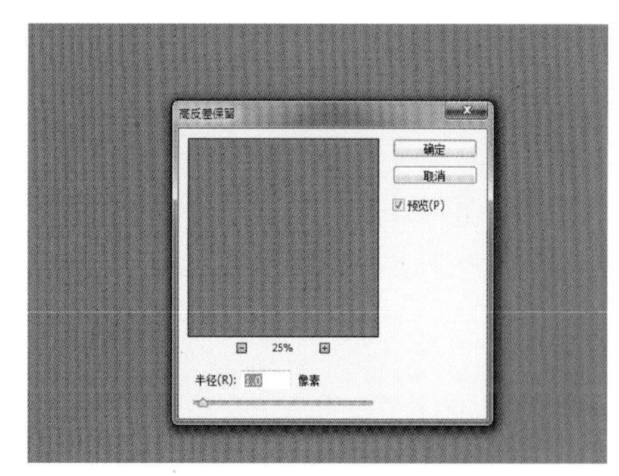

24 将“图层 4 拷贝”图层的混合模式更改为“叠加”，屏蔽掉灰色，达到锐化的目的。

25 合并所有图层，最终效果如下图。

05 台球魅影★★★★

——黑白人像照片的处理

台球室人像是影友经常拍摄的一类题材。台球室的光线比较复杂，灯光也比较暗淡，拍摄的时候经常会用到闪光灯，或者采用高感光度的设置进行拍摄，但拍摄的效果总是不尽理想，这就需要我们在后期进行适当的调节，找到解决的办法。黑白效果不失为一种很好的方法，此案例就是运用了这种方式，直接在Camera Raw插件中进行黑白的转换，并增加了对比度和磨皮的处理，让照片焕发出新的魅力。

■后期处理技术要点

■黑白效果的运用

■液化的运用

■磨皮的处理

■锐化的运用

原始效果　　最终效果

Part1 RAW 格式调整

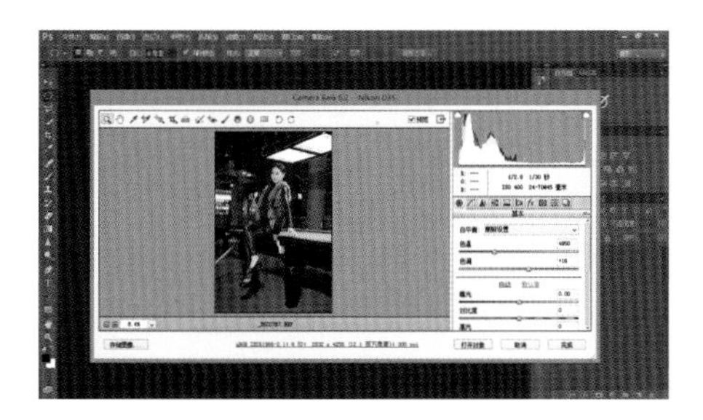

01 打开 Adobe Photoshop CC 软件，将原始 RAW 格式照片直接拖至画布中，Camera Raw 插件会自动打开原始照片，如图所示。

02 按快捷键“F”将 Camera Raw 插件切换到全屏模式，单击“HSL/ 灰度”选项卡，选中“转换为灰度”选项，则图像转换为黑白效果；也可以调整下方的参数，主要调整红色、黄色和蓝色。此案例中，红色的数值是 -10，黄色的数值是 -23，蓝色的数值是 +10，效果如图所示。

03 接着在“基本”选项卡下调整。将鼠标指针移动到曝光参数的中间部分，按住鼠标左键，向右拖动三角滑块，将曝光部分的数值调整为 +0.85，增加图像的整体亮度。再将对比度部分的数值调整为 +35，增加对比度；高光部分的数值调整为 -60；阴影部分的数值调整为 +30；清晰度部分的数值增加到 +20，增加图像的清晰度。效果如图所示。

Part2 瘦身处理

04 按快捷键“Ctrl+J”复制“背景”图层，得到“图层 1”，如图所示。

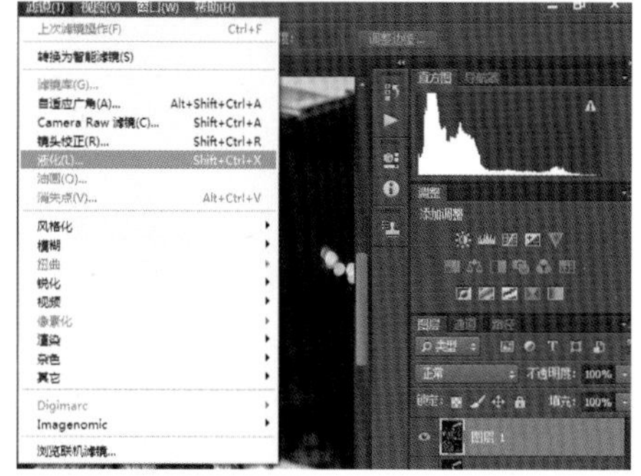

05 执行“滤镜 > 液化”命令，对图像进行瘦身处理。

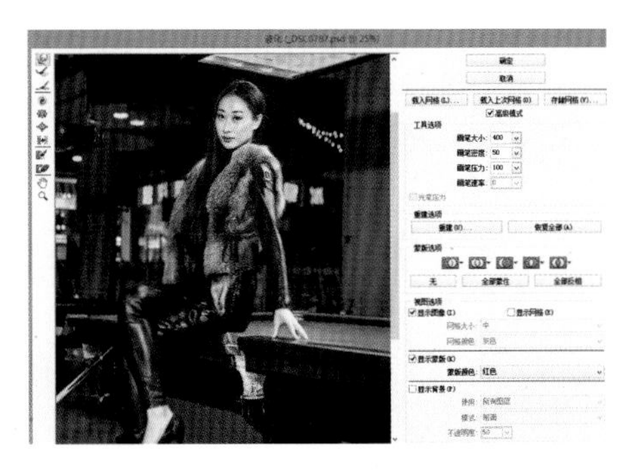

06 打开“液化”对话框，选择向前变形工具，并设置合适的画笔大小和画笔压力。画笔的大小是根据要修改的图像范围的大小而确定的，数值越大，修改的范围也越大，一般半径以包围要修改的区域为准。然后修饰人物的胳膊和脸型部分，让这些部分向内收缩，修饰效果如图所示。

Part3 皮肤处理

07 单击面板底部的“新建图层”按钮，得到“图层 2”，如图所示。

08 在 Photoshop CC 左侧的工具栏中选择仿制图章工具，将不透明度设置为 20%，样本设置为“所有图层”，然后修饰人物脸部的光影关系，让人物看起来更加立体，效果如图所示。

09 按快捷键“Ctrl+Shift+Alt+E”盖印图层，得到“图层 3”，如图所示。

10 执行“滤镜 >Imagenomic>Portraiture”命令，对人物进行磨皮处理。

11 打开“Portraiture”对话框，直接选择“显示蒙版”下的拾取蒙版工具，然后在人物的皮肤上单击，则软件会自动选择皮肤的色相、饱和度和明度，如果连续单击，会自动转到扩展蒙版颜色工具，吸取图中皮肤的颜色，软件会自动为图像增加一个蒙版，方便我们后面将不需要磨皮的部分擦除。此例中，精细设置为+2，中等设置为+6，粗略设置为+10，阈值设置为20，色相自动调整为60，饱和度自动调整为0，明度自动调整为91，范围自动调整为40，其他参数保持不变，调整完成后按“确认”键退出插件，如图所示。

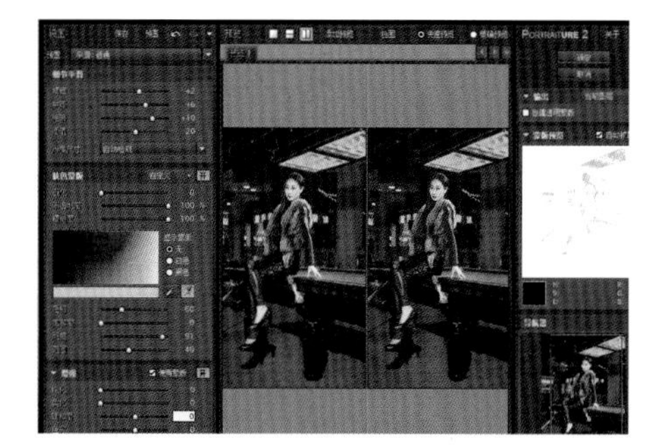

12 按住Alt键的同时单击面板底部的“创建新的填充或调整图层”按钮，得到黑色的蒙版。然后选择画笔工具，前景色设置为白色，不透明度设为80%，将人物的面部擦拭出来，只让人物面部进行磨皮处理，如图所示。

13 按快捷键“Ctrl+Shift+Alt+E”盖印图层，得到“图层4”，如图所示。

14 选择减淡和加深工具，曝光度设置在10%左右，然后在人物的五官上涂抹，进行光影的重塑，让人物看起来更加立体，效果如图所示。

Part4 锐化处理

15 按快捷键“Ctrl+J”复制“图层4拷贝”图层，得到“图层4拷贝2”图层，如图所示。

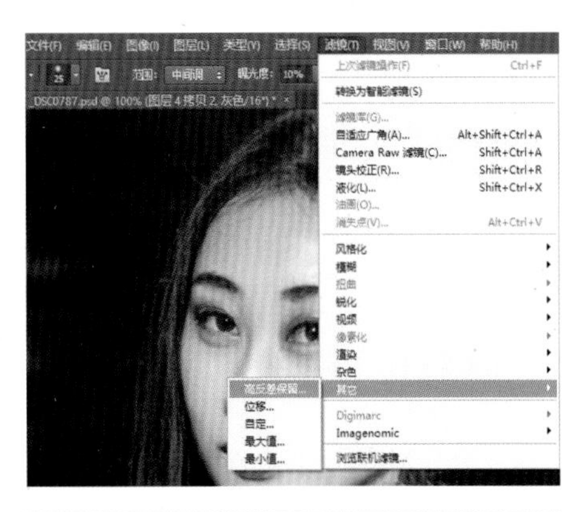

16 执行“滤镜 > 其他 > 高反差保留”命令，目的是做锐化，增加图像的清晰度，如图所示。

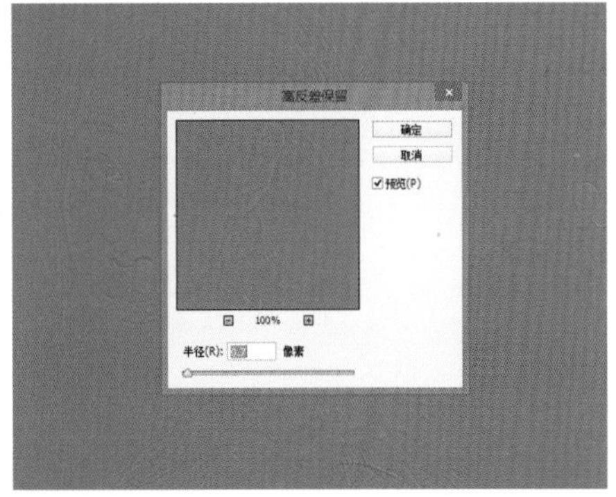

17 打开“高反差保留”对话框，将高反差保留半径更改为 0.7 像素，如图所示。

18 将“图层 4 拷贝 2”图层的混合模式更改为“柔光”或者“叠加”，不透明度为 100%，屏蔽掉灰色，达到锐化的目的，效果如图所示。

19 合并所有图层，最终效果如右图。

Chapter3
室外人像修图实战技巧

01 都市夜魅

02 艳彩十分

03 春色满园

04 萌动寂语

05 欲望危机

01 都市夜魅★★★★

——夜景人像照片的处理

这张照片选择的拍摄场地是繁华的都市大街，背景光线比较暗淡，只有闪烁的几点亮光。在拍摄的时候采用了离机闪光灯，闪光灯位置在模特的左前方，并且使用了较大的光圈和长焦镜头，这样做能够将人物打亮，同时后面的光斑也能很明显地表现出来。但是光斑的效果还不是很理想，后期又将光斑的素材进行了合成，使整张照片具有了一种很时尚的夜景人像广告风格。

■后期处理技术要点

- ■裁切的运用
- ■自然饱和度的运用
- ■可选颜色命令的运用
- ■曲线的运用

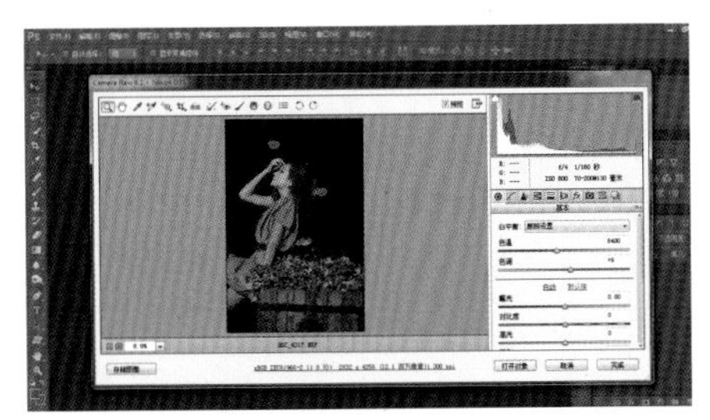

Part1 RAW 格式初步调整

01 打开 Photoshop CC 软件，将原始 RAW 格式照片直接拖至画布中，Camera Raw 插件会自动打开原始照片，如图所示。

02 按快捷键“F”将 Camera Raw 插件切换到全屏模式，在正式调整之前，我们有必要检查一下画面中是否存在亮部过曝或暗部丢失的部分。单击直方图左上方和右上方的三角，打开修剪警告，丢失的暗部将以蓝色显示，过曝亮部以红色显示，如图所示。

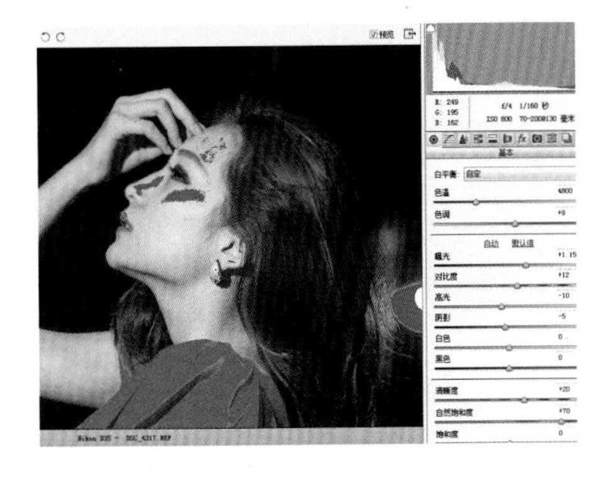

03 根据检查的结果，第一步骤在“基本”选项卡下调整，将鼠标指针移动到曝光参数的中间部分，按住鼠标左键，向右拖动三角滑块，将曝光部分的数值调整到 +1.15，这样能使照片整体被提亮。再将对比度部分的数值调整为+12，高光部分的数值调整为−10，之后观察照片，如果发现曝光还不准确，可以再适当调整。接着将清晰度部分的数值增加到 +20，自然饱和度部分的数值增加到 +70，让照片更加鲜艳。最后将色温部分的数值调整到 4800，色调部分的数值调整为 +9，如此便增加了画面的暖色元素，效果如图所示。

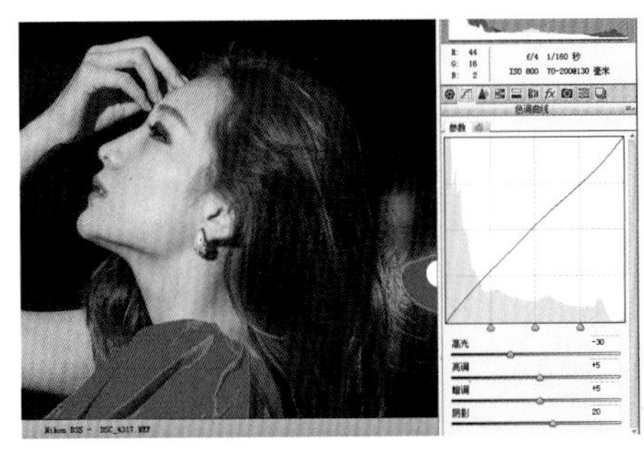

04 第二步骤在“色调曲线”选项卡下调整。将高光部分的数值调整为 −30，亮调部分的数值调整为 +5，暗调部分的数值调整为 +5，阴影部分的数值调整为 +20，这样就很细致地增加了画面的对比度，效果如图所示。

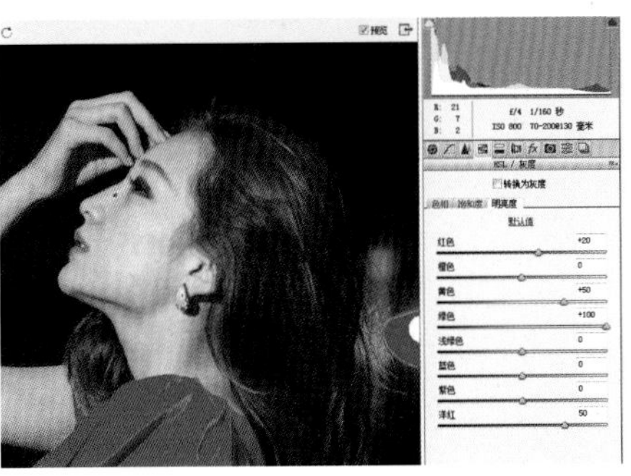

05 第三步骤在“HSL/ 灰度”选项卡下调整，将饱和度部分中红色部分的数值增加到 +20，黄色部分的数值增加到 +50，绿色部分的数值增加到 +100，洋红部分的数值增加到 +50，这样做可以增加照片中这 4 种颜色的饱和度，使照片变得更加鲜艳。等全部调整结束后，单击照片下方的“打开图像”按钮，照片会自动转换成 JPG 格式并在 Photoshop 中打开，效果如图所示。

Part2 重新构图

06 在 Photoshop CC 左侧的工具栏中选择裁切工具，然后单击状态栏上的“拉直”按钮，在照片中沿着与木箱黑色金属线平行的方向托出一条水平线，软件会自动校正照片的水平，最后双击确定，校正效果如图所示。

Part3 磨皮处理

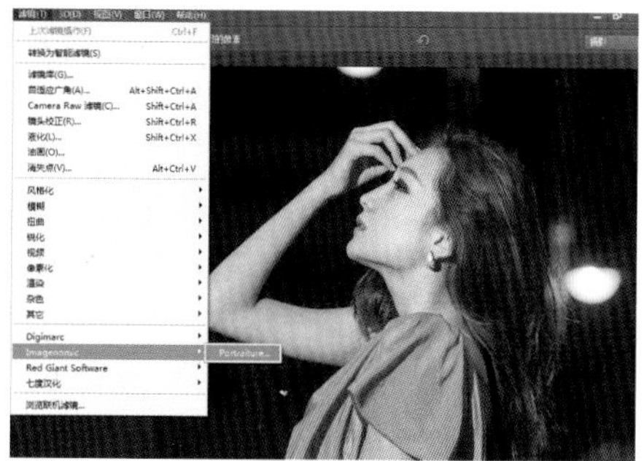

07 执行“滤镜 >Imagenomic>Portraiture”命令，对皮肤进行磨皮处理。

08 打开“Portraiture”调整对话框，直接选择显示蒙版下的吸管工具，在人物的皮肤上单击，则自动选择皮肤的色相、饱和度和明度。此例中，精细设置为 +20，中等设置为 +20，粗略设置为 0，阈值设置为 +20，色相自动调整为 86，饱和度自动调整为 42，明度自动调整为 90，范围自动调整为 40，其他参数保持不变，调整完成后按“确认”退出插件，如图所示。

Part4 色调处理

09 单击面板底部的“创建新的填充或调整图层”按钮，在弹出的菜单中选择“曲线”命令，如图所示。

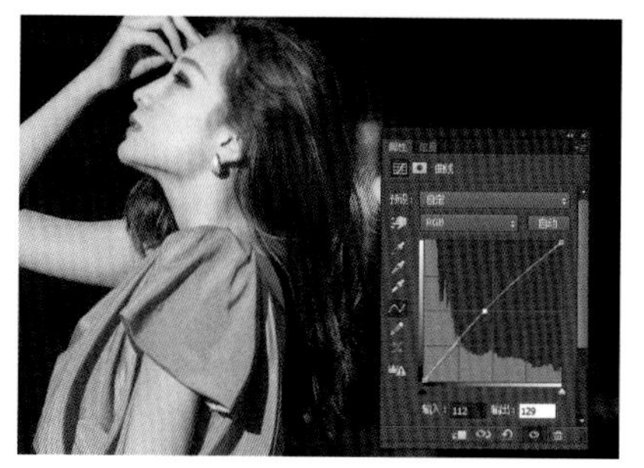

10 打开“曲线”调整对话框，把鼠标指针移动到曲线上相应的部分，按住鼠标左键向上方缓缓移动，可以看到照片渐渐变亮，同时颜色的饱和度也会有所增加。此例中，输入值设置为 112，输出值设置为 129，如图所示。

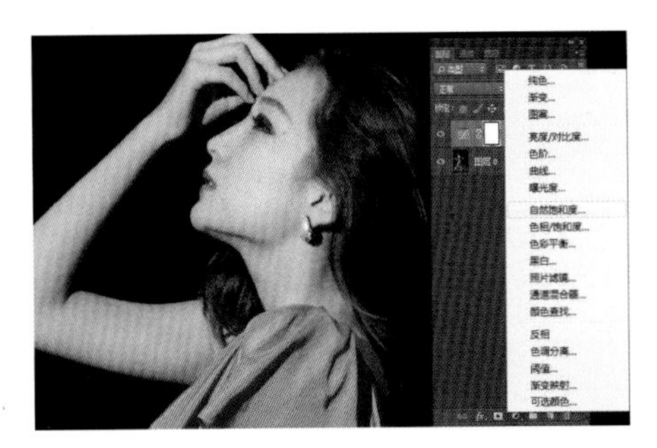

11 单击面板底部的“创建新的填充或调整图层”按钮，在弹出的菜单中选择“自然饱和度”命令，如图所示。

12 打开“自然饱和度”调整对话框，将鼠标移动到“自然饱和度”选择区域的中间部分，按住鼠标左键，向右拖动三角滑块，将“自然饱和度”的数值调整为 20，可以看到照片的饱和度在精细地增加，使原本无法显示的颜色显现出来，而不是大面积地增加照片的饱和度，这就是“自然饱和度”的好处。

13 单击面板底部的“创建新的填充或调整图层”按钮，在弹出的菜单中选择“可选颜色”命令，该命令主要用于对照片中指定的颜色值进行调整，是颜色调整不可或缺的工具之一。

14 打开“可选颜色”调整对话框。本例先对照片中红色的部分进行色彩调整，将鼠标指针移动到青色选择区域的中间部分，按住鼠标左键，向左拖动三角滑块，将青色部分的数值调整为 -30%，对照片中的红色部分再追加一些红色；洋红部分的数值调整为 -10%，对照片中的红色部分追加一点绿色；黄色部分的数值调整为 -5%，对照片中的红色部分追加一点蓝色，如图所示。

15 继续对照片中黄色的部分进行色彩调整，将鼠标指针移动到青色选择区域的中间部分，按住鼠标左键，向左拖动三角滑块，将青色部分的数值调整为 -90%，对照片中的黄色部分追加一些红色；洋红部分的数值调整为 -10%，对照片中的黄色部分降低一些洋红；黄色部分的数值调整为 +30%，对照片中的黄色部分继续追加一点黄色，让照片更加偏暖色，如图所示。

16 再对照片中白色的部分进行色彩调整，将鼠标指针移动到青色选择区域的中间部分，按住鼠标左键，向左拖动三角滑块，将青色部分的数值调整为 -100%，对照片中的白色部分追加一些红色；洋红部分的数值调整为 +40%，对照片中的白色部分追加一些洋红；黄色部分的数值调整为 +30%，对照片中的白色部分追加一些黄色，如图所示。

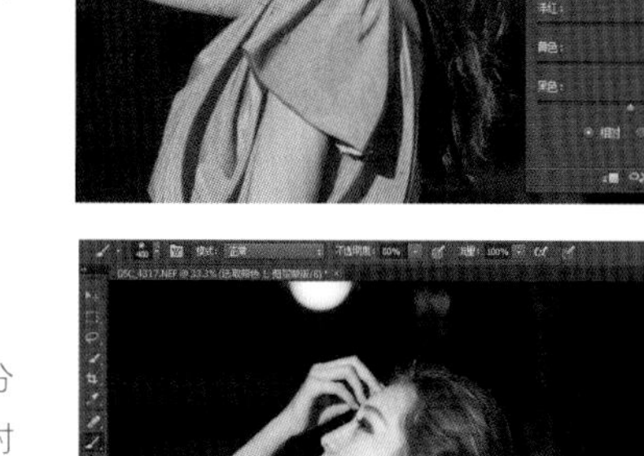

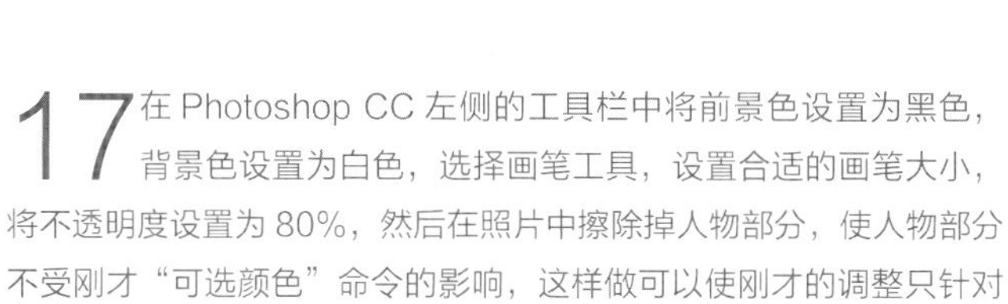

17 在 Photoshop CC 左侧的工具栏中将前景色设置为黑色，背景色设置为白色，选择画笔工具，设置合适的画笔大小，将不透明度设置为 80%，然后在照片中擦除掉人物部分，使人物部分不受刚才“可选颜色”命令的影响，这样做可以使刚才的调整只针对照片的背景部分，而人物部分的颜色在接下来的步骤中进行调整。

18 继续单击面板底部的“创建新的填充或调整图层”按钮，在弹出的菜单中选择“可选颜色”命令，如图所示。

19 打开“可选颜色”调整对话框，这次调整主要是调整人物的颜色，所以先对照片中红色的部分进行色彩调整，将鼠标指针移动到青色选择区域的中间部分，按住鼠标左键，向左拖动三角滑块，将青色部分的数值调整为 -40%，对照片中的红色部分继续追加一些红色；黄色部分的数值调整为 +10%，对照片中的红色部分追加一点黄色，如图所示。

20 继续对照片中黄色的部分进行色彩调整，将鼠标指针移动到青色选择区域的中间部分，按住鼠标左键，向左拖动三角滑块，将青色部分的数值调整为 -60%，这样能使照片中的黄色部分中的青色降低，而追加红色，其他参数保持不变，如图所示。

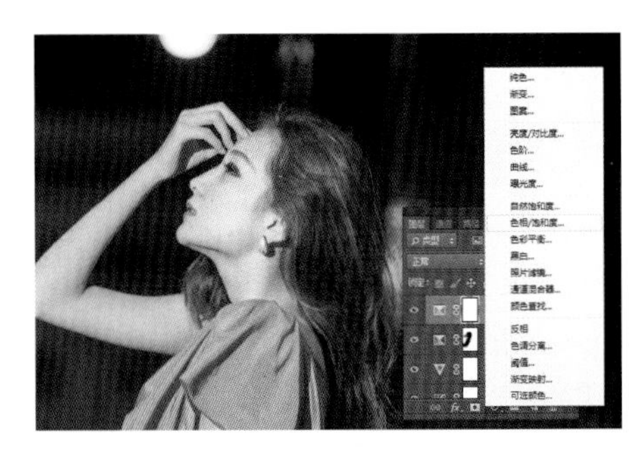

21 继续单击面板底部的“创建新的填充或调整图层”按钮，在弹出的菜单中选择“色相 / 饱和度”命令，如图所示。

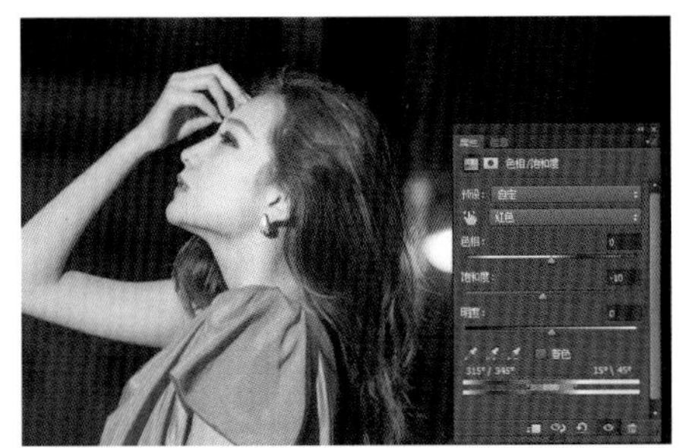

22 “色相 / 饱和度”命令主要用于对照片的色相和饱和度进行调整，以改变照片中的颜色，加强照片中想要突出颜色的饱和度。本例先对照片中红色的部分进行色彩调整，将鼠标指针移动到“饱和度”选择区域的中间部分，按住鼠标左键，向左拖动三角滑块，将饱和度部分的数值调整为 -10，这样能降低照片中红色部分的饱和度，如图所示。

23 再对照片中黄色的部分进行色彩调整，将鼠标指针移动到“饱和度”选择区域的中间部分，按住鼠标左键，向左拖动三角滑块，将饱和度部分的数值调整为 -15，这样能降低照片中黄色部分的饱和度，如图所示。

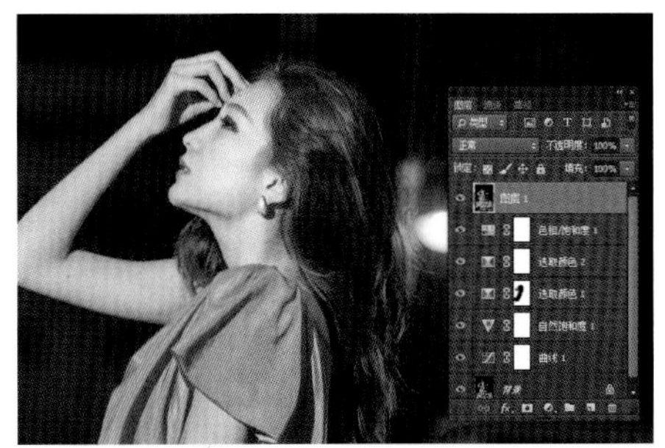

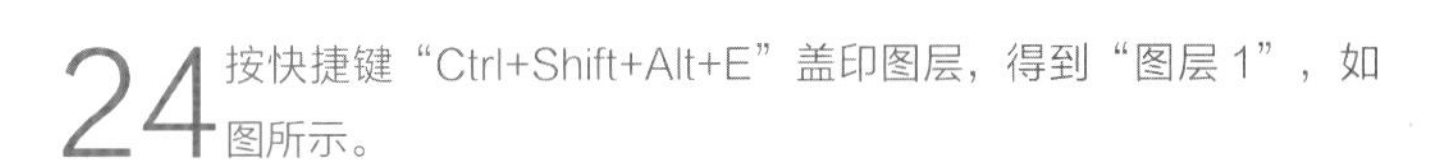

24 按快捷键“Ctrl+Shift+Alt+E”盖印图层，得到“图层 1”，如图所示。

Part5 艺术化处理

25 在 Photoshop 画布空白处双击鼠标导入“光斑”素材，将对照片进行合成操作，如图所示。

26 在 Photoshop CC 左侧的工具栏中选择移动工具，将素材拖至画布中，得到“图层 2”，调整素材的大小使得素材能覆盖整个照片。然后将“图层 2”的混合模式更改为“柔光”，增加背景的艺术效果，如图所示。

27 在 Photoshop CC 左侧的工具栏中将前景色设置为黑色，背景色设置为白色，选择画笔工具，设置合适的画笔大小，将不透明度设置为 80%。然后在照片中擦除人物部分，使其不受光斑素材的影响，只针对背景部分增添效果，如图所示。

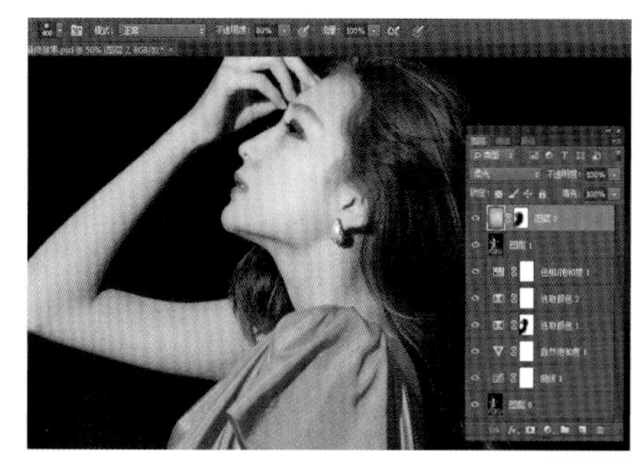

28 按快捷键“Ctrl+J”复制“图层 2”，得到“图层 3”，对图层进行备份。同样利用画笔工具擦除照片的主体部分，只让照片的四周增添柔化的效果，如图所示。

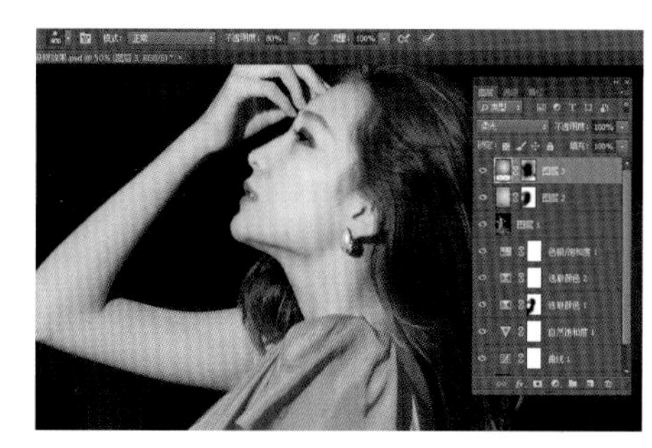

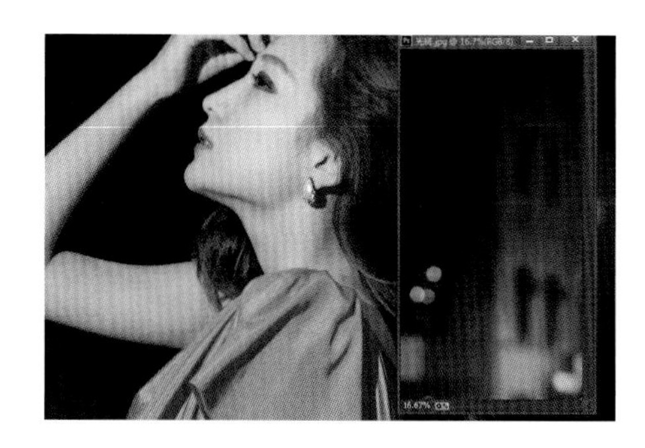

29 继续在 Photoshop CC 画布空白处双击鼠标导入“光斑”素材，对照片进行合成操作，追加背景光斑的效果，如图所示。

30 在 Photoshop CC 左侧的工具栏中选择移动工具，将素材拖至画布中，得到“图层 4”，调整素材的大小放置于画布的右上角，增加图层蒙版并用黑色的柔角画笔擦拭素材的边缘部分，让素材边缘过渡更加自然，如图所示。

31 同理，继续导入“光斑”素材，放置于粉色花朵与背景光斑过渡处，加强光斑效果，增加图层蒙版并用黑色画笔擦拭边缘，使之过渡更加自然，如图所示。

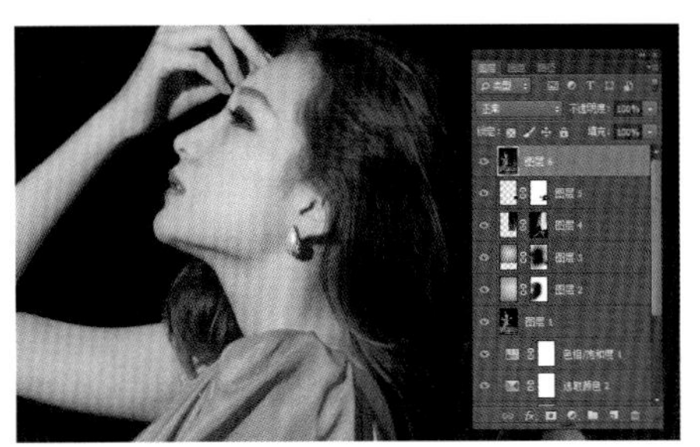

32 按快捷键“Ctrl+Shift+Alt+E”盖印图层，得到“图层 6”，如图所示。

Part6 锐化处理

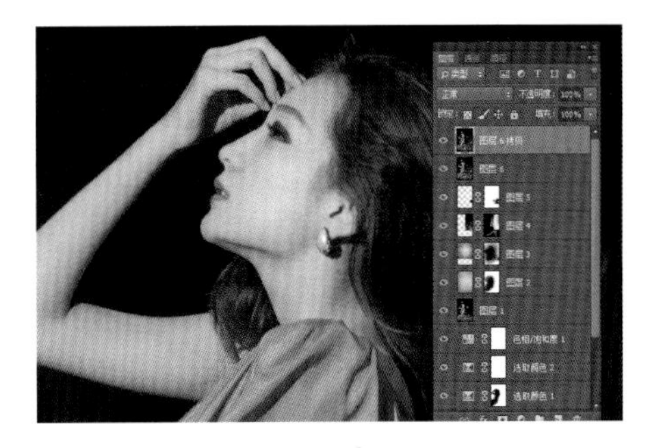

33 按快捷键“Ctrl+J”复制“图层 6”，得到“图层 6 拷贝”图层，目的是为最后的锐化操作做准备，如图所示。

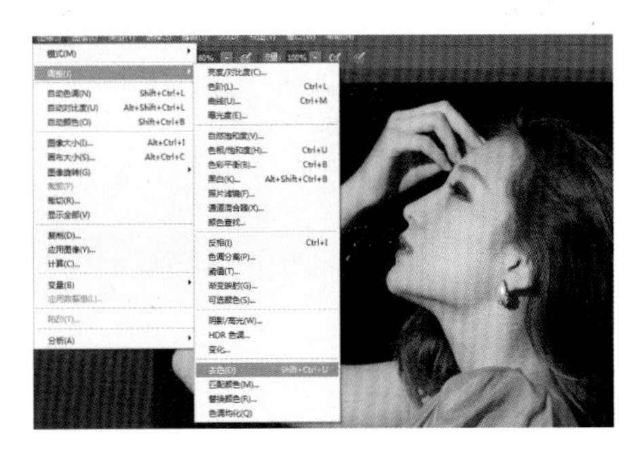

34 执行“图像 > 调整 > 去色”命令，将照片转换为黑白效果，如图所示。

35 执行“滤镜 > 其他 > 高反差保留”命令，目的是做锐化，增加照片的清晰度，如图所示。

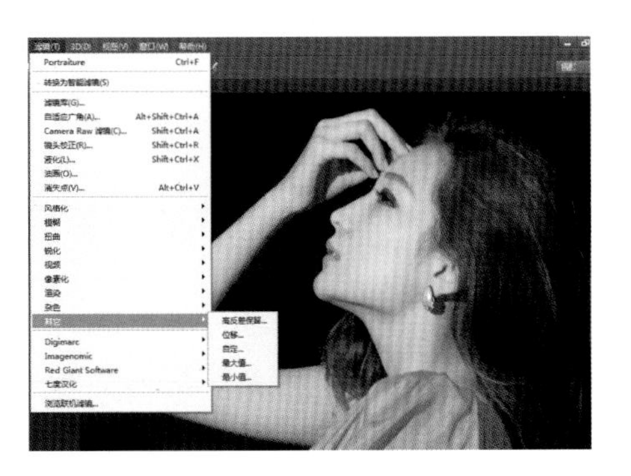

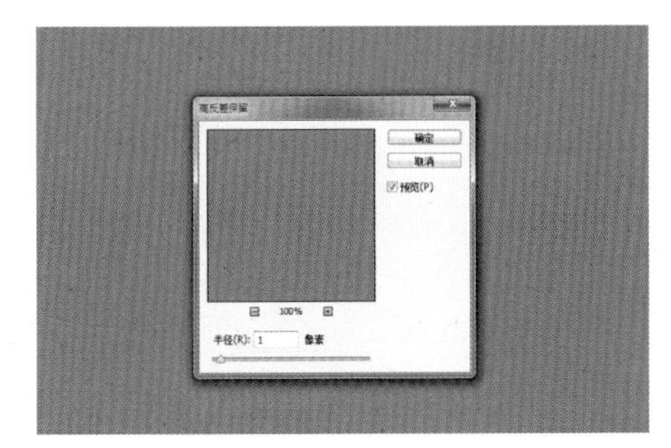

36 打开“高反差保留”对话框，将高反差保留半径更改为 1 像素，如图所示。

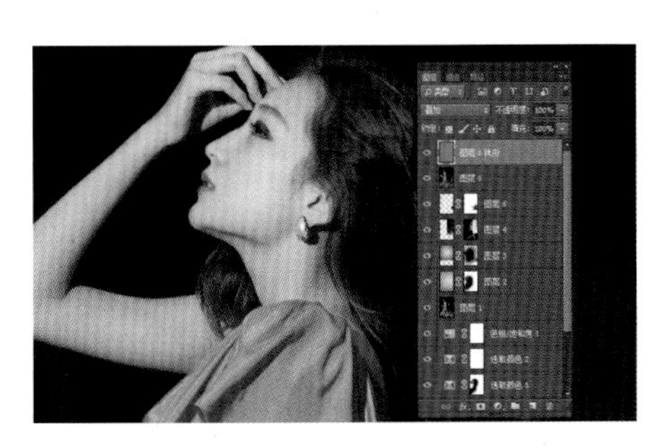

37 将“图层 6 拷贝”的混合模式更改为“柔光”或者“叠加”，不透明度为 100%，屏蔽掉灰色，以达到锐化的目的，效果如图所示。

38 合并所有图层，最终效果如右图。

02 艳彩十分★★★★

——天台场景照片的处理

这是一张在室外拍摄的写真作品，拍摄场景为繁华城市的角落，同时选择了一个很时尚的模特，让她很自然地摆出一些性感的动作。服装选择了黑色时尚小礼服，和背景形成一定的对比，没有使用特殊的道具。拍摄时间选择在下午时分。为了避免人物脸上的光线杂乱，特意让模特站在阴影处，稍微用反光板进行补光处理，效果还不错。拍摄时采用了长焦镜头，可以保证在不打扰模特的情况下进行抓拍，以便模特的表情和动作更加自然，最终使整个画面呈现出唯美的感觉。

■后期处理技术要点

- 色阶的运用
- 纯色命令的运用
- 仿制图章工具的运用
- 液化的运用

Part1 亮度对比度调整

01 打开 Adobe Photoshop CC 软件，执行“文件 > 打开”命令，打开原稿照片。

02 单击面板底部的“创建新的填充或调整图层”按钮，在弹出的菜单中选择“色阶”命令，打开“色阶”调整对话框，选择最左边的三角滑块（暗部区域），按住鼠标左键向右拖动，选择最右边的三角滑块（亮部区域），按住鼠标左键向左拖动，增加照片的对比度。此例中，暗部区域设置为 8，亮部区域设置为 237，如图所示。

Part2 色调处理

03 打开“自然饱和度”调整对话框，将鼠标移动到“自然饱和度”选择区域的中间部分，按住鼠标左键，向右拖动三角滑块，将“自然饱和度”的数值调整为 +40，使照片原本无法显示的颜色显现出来，增加了照片的饱和度。

04 单击面板底部的“创建新的填充或调整图层”按钮，在弹出的菜单中选择“可选颜色”命令，打开“可选颜色”调整对话框。本例先对照片中红色的部分进行色彩调整，将鼠标指针移动到青色选择区域的中间部分，按住鼠标左键，向左拖动三角滑块，将青色部分的数值调整为 -25%，追加一些红色；洋红部分的数值调整为 +25%，追加一点洋红；黄色部分的数值调整为 -40%，对照片中的红色部分追加一点蓝色；黑色部分的数值调整为 -35%，降低一些黑色，如图所示。

05 继续对照片中黄色的部分进行色彩调整，将鼠标指针移动到青色选择区域的中间部分，按住鼠标左键，向左拖动三角滑块，将青色部分的数值调整为 -100%，对照片中的黄色部分追加一些红色；洋红部分的数值调整为 +40%，对照片中的黄色部分追加一些洋红；黄色部分的数值调整为 +25%，对照片中的黄色部分继续追加一点黄色，如图所示。

06 对照片中绿色的部分进行色彩调整，将鼠标指针移动到青色选择区域的中间部分，按住鼠标左键，向右拖动三角滑块，将青色部分的数值调整为 +100%，对照片中的绿色部分追加一点青色；洋红部分的数值调整为 −100%，对照片中的绿色部分降低一点洋红；黄色部分的数值调整为 −100%，对照片中的绿色部分降低一点黄色，如图所示。

07 对照片中青色的部分进行色彩调整，将鼠标指针移动到青色选择区域的中间部分，按住鼠标左键，向右拖动三角滑块，将青色部分的数值调整为 +100%，使照片中的青色更加鲜艳；洋红部分的数值调整为 −100%，使照片中的青色部分降低洋红，增加绿色，其他颜色参数保持不变，如图所示。

08 在 Photoshop CC 左侧的工具栏中将前景色设置为黑色，背景色设置为白色，选择画笔工具，设置合适的画笔大小，将不透明度设置为 80%，然后在照片中擦除人物部分，使其不受刚才“可选颜色”命令的影响，这样做可以使前期的调整只针对照片的背景部分，如图所示。

09 单击面板底部的“创建新的填充或调整图层”按钮，在弹出的菜单中选择“可选颜色”命令，打开“可选颜色”调整对话框，对照片中白色的部分进行色彩调整。将鼠标指针移动到青色选择区域的中间部分，按住鼠标左键，向右拖动三角滑块，将青色部分的数值调整为 +100%，追加一点青色；洋红部分的数值调整为 −40%，追加一点绿色；黄色部分的数值调整为 +40%，对照片中的白色部分追加一点黄色。这部分主要是调整照片最左上角的白色，使其和整体色调保持一致，如图所示。

10 在 Photoshop CC 左侧的工具栏中将前景色设置为白色，背景色设置为黑色，先将蒙版填充为黑色，再选择画笔工具，设置合适的画笔大小，将不透明度设置为 80%。然后用白色画笔擦除照片中白色的部分，让白色部分受上一步骤可选颜色的影响，这样做可以更快速地让白颜色显示出来，而不是用黑色画笔大面积地擦拭照片，可提高效率，效果如图所示。

11 单击面板底部的“创建新的填充或调整图层”按钮，在弹出的菜单中选择“可选颜色”命令，打开“可选颜色”调整对话框，对照片中红色的部分进行色彩调整。将鼠标指针移动到青色选择区域的中间部分，按住鼠标左键，向左拖动三角滑块，将青色部分的数值调整为 -60%，追加一些红色；黄色部分的数值调整为 +25%，对照片中的红色部分追加一点黄色；黑色部分的数值调整为 -50%，降低一些黑色，如图所示。

12 继续对照片中黄色的部分进行色彩调整，将鼠标指针移动到青色选择区域的中间部分，按住鼠标左键，向左拖动三角滑块，将青色部分的数值调整为 -100%，对照片中的黄色部分追加红色；洋红部分的数值调整为 -35%，对照片中的黄色部分降低洋红；黄色部分的数值调整为 -100%，对照片中的黄色部分追加蓝色；黑色部分的数值调整为 -60%，降低一些黑色，如图所示。

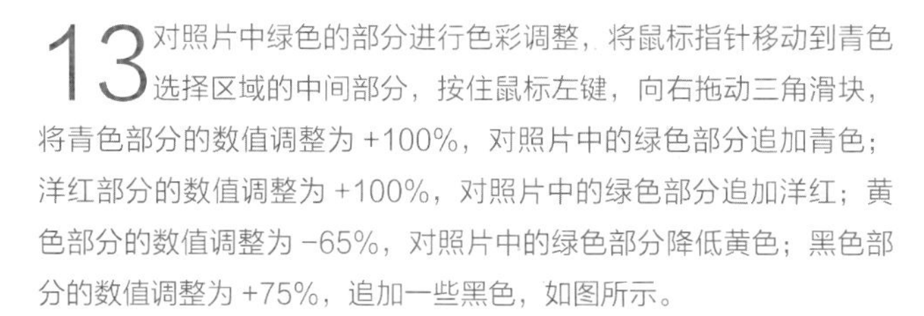

13 对照片中绿色的部分进行色彩调整，将鼠标指针移动到青色选择区域的中间部分，按住鼠标左键，向右拖动三角滑块，将青色部分的数值调整为 +100%，对照片中的绿色部分追加青色；洋红部分的数值调整为 +100%，对照片中的绿色部分追加洋红；黄色部分的数值调整为 -65%，对照片中的绿色部分降低黄色；黑色部分的数值调整为 +75%，追加一些黑色，如图所示。

14 继续单击面板底部的“创建新的填充或调整图层”按钮，在弹出的菜单中选择“可选颜色”命令，打开“可选颜色”调整对话框，对照片中红色的部分进行色彩调整。将鼠标指针移动到青色选择区域的中间部分，按住鼠标左键，向左拖动三角滑块，将青色部分的数值调整为 -60%，追加一些红色；洋红部分的数值调整为 +60%，对照片中的黄色部分追加洋红；黄色部分的数值调整为 +70%，对照片中的红色部分追加一点黄色；黑色部分的数值调整为 -25%，降低一些黑色，如图所示。

15 继续单击面板底部的“创建新的填充或调整图层”按钮，在弹出的菜单中选择“可选颜色”命令，打开“可选颜色”调整对话框，对照片中红色的部分进行色彩调整。将鼠标指针移动到青色选择区域的中间部分，按住鼠标左键，向左拖动三角滑块，将青色部分的数值调整为 -55%，追加一些红色；洋红部分的数值调整为 -10%，对照片中的黄色部分追加一些绿色；黄色部分的数值调整为 +35%，对照片中的红色部分追加一点黄色；黑色部分的数值调整为 +15%，追加一些黑色。以上步骤主要是调整人物的颜色，如图所示。

Part3 色调深度处理

16 单击面板底部的“创建新的填充或调整图层”按钮，在弹出的菜单中选择“纯色”命令，如图所示。

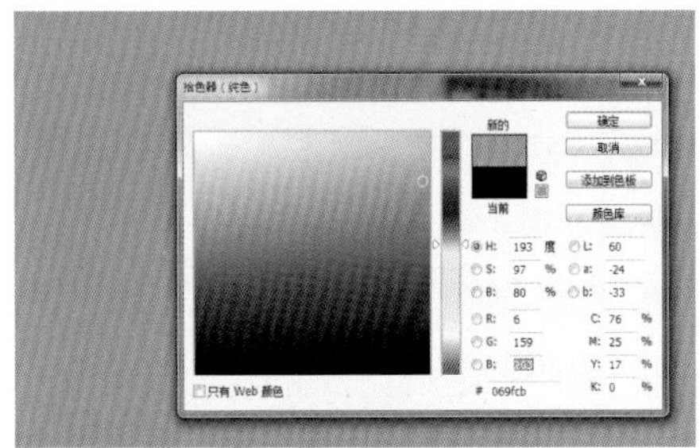

17 打开“拾色器”对话框，将颜色设置为白色（RGB：6、159、203），或者直接输入数值“#069fcb”，如图所示。

18 将“颜色填充”图层的混合模式更改为“柔光”，不透明度更改为“50%”，这样做可以降低整个照片红色的饱和度，平衡照片的整体颜色，如图所示。

19 将前景色设置为黑色，背景色设置为白色，选择画笔工具，设置合适的画笔大小，硬度为 0%，不透明度为 30%，然后擦除人物部分，使其不受填充色命令的影响，如图所示。

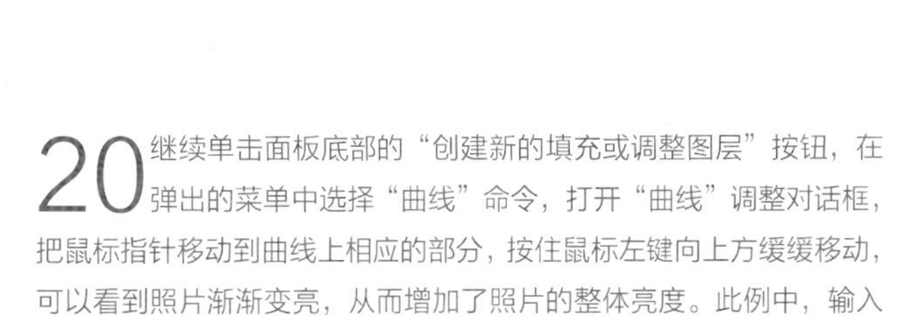

20 继续单击面板底部的“创建新的填充或调整图层”按钮，在弹出的菜单中选择“曲线”命令，打开“曲线”调整对话框，把鼠标指针移动到曲线上相应的部分，按住鼠标左键向上方缓缓移动，可以看到照片渐渐变亮，从而增加了照片的整体亮度。此例中，输入值设置为 119，输出值设置为 130，如图所示。

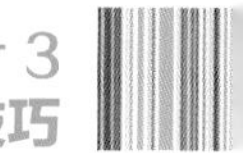

21 单击面板底部的“创建新的填充或调整图层”按钮，在弹出的菜单中选择“色阶”命令，打开“色阶”调整对话框，选择最左边三角滑块（暗部区域），按住鼠标左键向右拖动，以增加照片的对比度。此例中，暗部区域设置为 8，亮部区域设置为 255，如图所示。

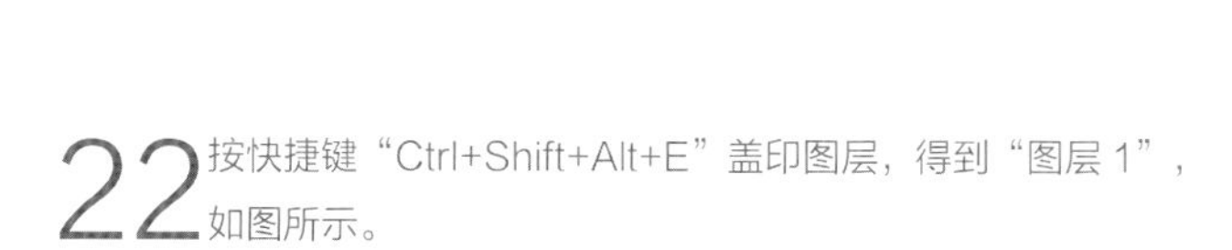

22 按快捷键“Ctrl+Shift+Alt+E”盖印图层，得到“图层 1”，如图所示。

Part4 皮肤处理

23 在 Photoshop CC 左侧的工具栏中选择仿制图章工具，将不透明度设置为 25%，随后按住 Alt 键，在要修改的区域周围较好的皮肤处单击一下鼠标后松开，这个地方的皮肤即被选择。然后在要修改的皮肤处单击鼠标，则这个区域的皮肤被替换为周围比较理想的皮肤，注意要尽量单击去修改皮肤，不要滑动鼠标去修改大面积的皮肤，一般用这样的方法修饰人物胳膊腋窝处和脸上的瑕疵，效果如图所示。

24 在 Photoshop CC 左侧的工具栏中选择矩形选框工具，然后在照片上框选出人物的上半身区域，这样做是为下面的液化操作做准备。因为液化会占用大量的内存，框选小部分区域进行液化可以减少内存的占用率，增加软件的运行速度，如图所示。

Part5 瘦身处理

25 执行“滤镜 > 液化”命令，将对人物的胳膊和脸型进行修饰。

26 打开“液化”调整对话框，选择向前变形工具，并设置合适的画笔大小和画笔压力。画笔的大小是根据要修改的照片范围的大小而确定的，数值越大，修改的范围也越大，一般半径以包围要修改的区域为准。然后修饰人物的胳膊和脸型部分，让这些部分向内收缩，修饰效果如图所示。

27 按住“图层 1”不放向下拖至“新建图层 ”按钮上，得到“图层 1 拷贝”图层，对“图层 1”进行复制，如图所示。

Part6 锐化处理

28 执行“滤镜 > 锐化 >USM 锐化”命令，对照片进行锐化操作，增加照片的清晰度，如图所示。

29 打开“USM 锐化”调整对话框，将 USM 锐化的数量更改为 50%，半径为 1.0 像素，阈值参数保持不变，勾选上“预览”按钮，完成锐化的操作，效果如图所示。

30 合并所有图层，最终效果如图。

03 春色满园★★★

——花园场景照片的处理

当春风吹来，柳尖上的嫩黄一点点染上枝头，柳枝摇曳将春天唤醒。新绿中一团淡紫，是梧桐浪漫的风姿，一树淡淡的香气弥漫于春天暖洋洋的空气中。远远望去，淡绿色的画面是那样的优雅温婉。一路游走，随心信手收收捡捡，指尖挂春，满眼是春，满脑思春，满心藏春。生活中，几多烦恼几多愁绪都抛之脑后，洋洋然潇洒于世外桃源之中！

拍摄场景是一个春色满园的花园，模特很惬意地躺在绿草中，为了配合整个浅色调，模特的服装也选择了白色，没有特殊的道具，只顺手捡起一朵白色的鲜花，增添了一份温暖。拍摄选在下午时分，光线为顺光，为了保证模特脸部曝光正常，背景画面稍微有些曝光过度。拍摄时采用了长焦镜头加大光圈，让背景更加虚化。模特的表情十分自然，画面给人一种春天的温暖感。

■后期处理技术要点

■匹配颜色的运用

■通道混合器的运用

■颜色模式的运用

■照片滤镜的运用

Part1 明度饱和度调整

01 打开 Adobe Photoshop CC 软件，执行“文件 > 打开”命令，打开原稿图像。

02 执行“图像 > 调整 > 匹配颜色”命令，其目的是增强图像的亮度和颜色强度，如图所示。

03 打开“匹配颜色”对话框，将明亮度调整为 80，颜色强度增加到 70，渐隐保持不变，其他参数也保持不变，单击“确定”按钮关闭对话框，如图所示。

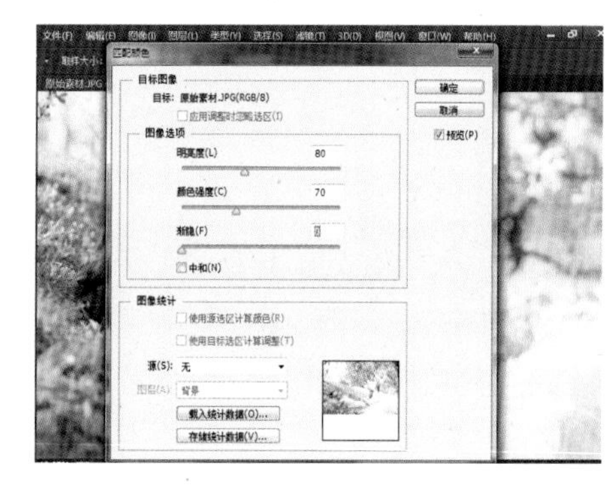

Part2 色调调整

04 执行“图像 > 模式 >CMYK 颜色”命令，将 RGB 颜色模式的图像转化为 CMYK 颜色模式的图像，如图所示。

05 单击面板底部的“创建新的填充或调整图层”按钮，在弹出的菜单中选择“通道混合器”命令，如图所示。

06 打开“通道混合器”对话框，对输出通道中的青色进行调节，调整参数如下：青色，+110%；洋红，−35%；黄色，−35%；黑色，0%，效果如图所示。

07 同时选中“背景”图层和“通道混合器”图层，然后用鼠标右键选择“合并可见图层”，对图层进行合并，如图所示。

08 执行“图像 > 模式 >RGB 颜色”命令，将 CMYK 颜色模式的图像转回为 RGB 颜色模式的图像，如图所示。

09 单击面板底部的“创建新的填充或调整图层”按钮，在弹出的菜单中选择“照片滤镜”命令，如图所示。

10 打开“照片滤镜”对话框，将滤镜预设选择为“深蓝”，浓度更改为 16%，效果如图所示。

Part3 加深色调效果

11 单击面板底部的“创建新的填充或调整图层”按钮，在弹出的菜单中选择“可选颜色”命令，如图所示。

12 选择颜色为白色，将青色调整为+100%，其他参数保持不变，并选中“相对”选项，主要增加白色中青色的成分，效果如图。

13 选择颜色为黄色，调整参数如下：青色，-96%；洋红，+38%；黄色：-36%；黑色，0%，并选中“相对”选项，目的是让图像更加偏向于日系淡淡的暖色调，效果如图。

14 将前景色设置为黑色，背景色设置为白色，选择画笔工具，设置合适的画笔大小，硬度为0%，不透明度为50%，然后擦除人物的脸部，使其保持刚才的颜色，而不产生青色调，如图所示。

Part4 亮度对比度调整

15 单击面板底部的“创建新的填充或调整图层”按钮，在弹出的菜单中选择“曲线”命令，如图所示。

16 打开“曲线”调整对话框，向下拖动曲线，则图像被压暗，效果如图所示。

17 单击面板底部的“创建新的填充或调整图层”按钮，在弹出的菜单中选择“色阶”命令，如图所示。

18 打开“色阶”调整对话框，选择暗部区域和亮部区域的滑块向中间拖动，目的是增加图像的对比度，参数分别为 38、1.00、250，效果如图所示。

19 按快捷键 Ctrl+Shift+Alt+E 盖印图层，得到“图层 1”，如图所示。

20 合并所有图层，最终效果如下图。

04 萌动寂语★★★★
——思绪情感照片的处理

此张照片我们在后期处理的时候主要想体现出萌动中还带有一点点伤感的主题，所以将基调设定为有点偏冷的效果，用“可选颜色”命令控制主色调，并加入油画的效果，使得画面整体更有艺术氛围。

■后期处理技术要点

- ■裁切的运用
- ■自然饱和度的运用
- ■可选颜色命令的运用
- ■曲线的运用

Part1 RAW 初步调整

01 打开 Adobe Photoshop CC 软件，将原始 RAW 格式照片直接拖拽至画布中，Camera Raw 插件会自动打开原始照片，如图所示。

02 按快捷键“F”将 Camera Raw 插件切换到全屏模式，首先在“基本”选项卡下调整，将鼠标指针移动到曝光参数的中间部分，按住鼠标左键，向右拖动三角滑块，将曝光部分的数值调整为 +0.15，这样能使照片整体被提亮；高光部分的数值调整为 -3；黑色部分的数值调整为 -8。然后观察照片，如果发现曝光还不准确，可以再适当地调整。接着将自然饱和度部分的数值增加到 +80，让照片更加鲜艳。最后将色温部分的数值调整为 4650，色调部分的数值调整为 -2，增加画面的冷色元素，效果如图所示。

03 接着在“HSL/ 灰度”选项卡下调整，将饱和度中红色部分的数值增加到 +27，黄色部分的数值增加到 +24，绿色部分的数值增加到 +13，浅绿色部分的数值增加到 +55，如此增加了照片中这 4 种颜色的饱和度，以使照片变得更加鲜艳。等全部调整结束后，单击照片下方的“打开图像”按钮，则照片会自动转换成 JPG 格式并在 Photoshop 中打开，效果如图所示。

04 按快捷键“Ctrl+J”复制“背景”图层，得到“图层 1”，对原片进行备份，如图所示。

Part2 皮肤处理

05 执行“滤镜 >Imagenomic>Portraiture”命令，对原片进行磨皮处理，如图所示。

06 打开“Portraiture”对话框，直接选择显示蒙版下的吸管工具，在人物的皮肤上单击，则自动选择皮肤的色相、饱和度和明度。此例中，精细设置为 +20，中等设置为 +20，粗略设置为 +10，阈值设置为 20，色相自动调整为 90，饱和度自动调整为 40，明度自动调整为 95，范围自动调整为 40，其他参数保持不变，调整完成后按“确认”退出插件，如图所示。

Part3 瘦身处理

07 执行“滤镜 > 液化”命令，目的是对人物进行瘦身处理，如图所示。

08 打开“液化”对话框，选择向前变形工具，并设置合适的画笔大小和画笔压力。画笔的大小是根据要修改的照片范围的大小而确定的，数值越大，修改的范围也越大，一般半径以包围要修改的区域为准。然后修饰人物的胳膊和脸型部分，使这些部分向内收缩，修饰效果如图所示。

Part4 色调处理

09 单击面板底部的“创建新的填充或调整图层”按钮，在弹出的菜单中选择“可选颜色”命令，该命令主要用于对照片中指定的颜色值进行调整，是颜色调整不可或缺的工具之一。

10 打开“可选颜色”调整对话框，本例先对照片中红色的部分进行色彩调整，将鼠标指针移动到青色选择区域的中间部分，按住鼠标左键，向右拖动三角滑块，将青色部分的数值调整为 +20%，对照片中的红色部分追加一些青色；黄色部分的数值调整为 -30%，对照片中的红色部分追加一些蓝色，如图所示。

11 继续对照片中黄色的部分进行色彩调整，将鼠标指针移动到青色选择区域的中间部分，按住鼠标左键，向左拖动三角滑块，将青色部分的数值调整为 -10%，这样能对照片中的黄色部分追加一点红色；黄色部分的数值调整为 -20%，对照片中的黄色部分继续追加一点蓝色，如图所示。

12 接着对照片中绿色的部分进行色彩调整，将鼠标指针移动到青色选择区域的中间部分，按住鼠标左键，向右拖动三角滑块，将青色部分的数值调整为 +100%，对照片中的绿色部分追加红色；黄色部分的数值调整为 +100%，对照片中的黄色部分继续追加黄色，如图所示。

13 最后对照片中白色的部分进行色彩调整，将鼠标指针移动到青色选择区域的中间部分，按住鼠标左键，向右拖动三角滑块，将青色部分的数值调整为 +10%，这样能对照片中的白部分追加一些青色，增加冷色调的效果，如图所示。

14 单击面板底部的“创建新的填充或调整图层”按钮，在弹出的菜单中选择“自然饱和度”命令，如图所示。

15 打开“自然饱和度”调整对话框，将鼠标移动到“自然饱和度”选择区域的中间部分，按住鼠标左键，向右拖动三角滑块，将“自然饱和度”的数值调整为 20，可以看到照片的饱和度在精细地增加，使原本无法显示的颜色显现出来。

16 按快捷键“Ctrl+Shift+Alt+E”盖印图层，得到“图层 2”，如图所示。

Part5 追加艺术效果

17 执行“滤镜＞油画”命令，为照片增加油画的效果，如图所示。

18 打开“油画”效果对话框，将描边样式更改为 5.2，描边清洁度更改为 2.3，缩放更改为 0.89，其他参数保持不变，可以看到照片变成了油画般的效果，如图所示。

19 在 Photoshop CC 左侧的工具栏中将前景色设置为黑色，背景色设置为白色，选择画笔工具，设置合适的画笔大小，将不透明度设置为 80%，然后在照片中擦除人物部分，使其不受油画效果的影响，如图所示。

20 按快捷键“Ctrl+Shift+Alt+E”盖印图层，得到“图层 3”，如图所示。

21 按快捷键“Ctrl+J”复制“图层 3”，得到“图层 3 拷贝”图层，如图所示。

22 执行“滤镜 > 模糊 > 场景模糊”命令，为照片增加模糊效果，如图所示。

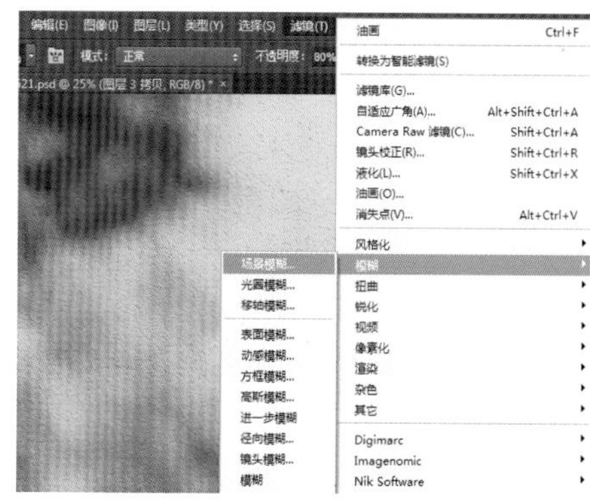

23 打开“场景模糊”调整对话框，转动圆环，将模糊半径更改为 20 左右，模糊效果如图所示。

24 将“图层 3 拷贝”图层的混合模式更改为“柔光”，不透明度设置为 50%，增加照片的朦胧和柔化效果，如图所示。

25 将前景色设置为黑色，背景色设置为白色，选择画笔工具，设置合适的画笔大小，不透明度设置为 80%，然后在照片中擦除人物部分，使其不受柔化效果的影响，如图所示。

26 按快捷键“Ctrl+Shift+Alt+E”盖印图层，得到“图层 4”，如图所示。

Part6 锐化处理

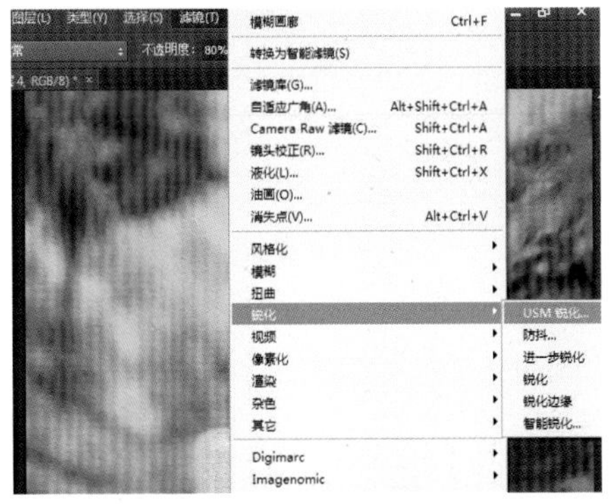

27 执行“滤镜＞锐化＞USM 锐化”命令，对照片进行锐化处理，如图所示。

28 将 USM 锐化的数量更改为 100%，半径更改为 1.0 像素，阈值更改为 1 色阶，勾选上“预览”按钮，锐化效果如图所示。

29 合并所有图层，最终效果如右图。

05 欲望危机★★★★

——性感狂野照片的处理

本例主题选择在公路大桥的一侧进行拍摄，拍出的照片整体效果还算理想，但是颜色过于暗淡发灰，所以后期按常规思路进行了磨皮瘦身处理，加大了对颜色饱和度和色调的调整，以符合主题的需要，使整体颜色达到和谐统一。

■后期处理技术要点

- 磨皮的处理
- 液化的运用
- 可选颜色命令的运用
- 色阶的运用

Part1 RAW 初步调整

01 打开 Adobe Photoshop CC 软件，将原始 RAW 格式照片直接拖至画布中，Camera Raw 插件会自动打开原始照片，如图所示。

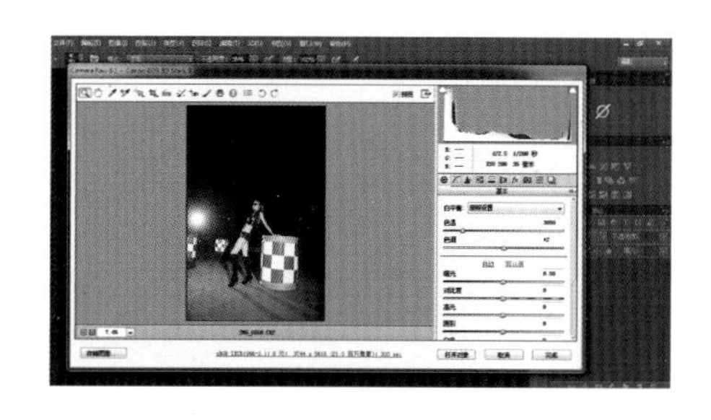

02 按快捷键“F”将 Camera Raw 插件切换到全屏模式，首先在“基本”选项卡下调整，将鼠标指针移动到曝光参数的中间部分，按住鼠标左键，向右拖动三角滑块，将曝光部分的数值调整为 +0.60，这样能使照片整体被提亮；再将高光部分的数值调整为 −25，黑色部分的数值调整为 −25。接着将自然饱和度部分的数值增加到 +60，让照片更加鲜艳。最后将色温部分的数值调整到 4350，色调部分的数值调整为 +2，效果如图所示。

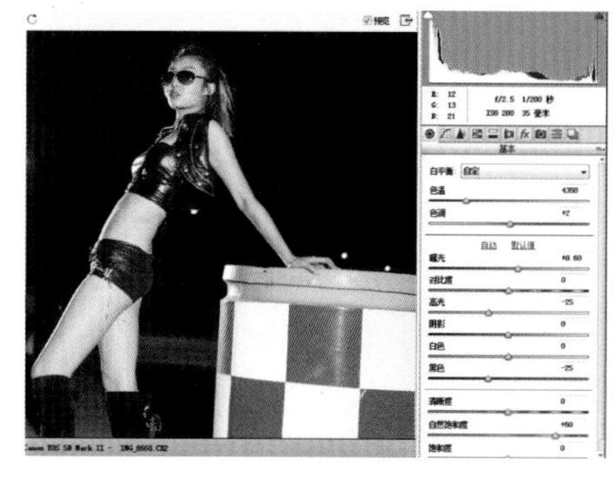

03 在“HSL/ 灰度”选项卡下调整，将饱和度中红色部分的数值增加到 +15，黄色部分的数值增加到 +5，蓝色部分的数值增加到 +15，这样可以使照片变得更加鲜艳，效果如图所示。

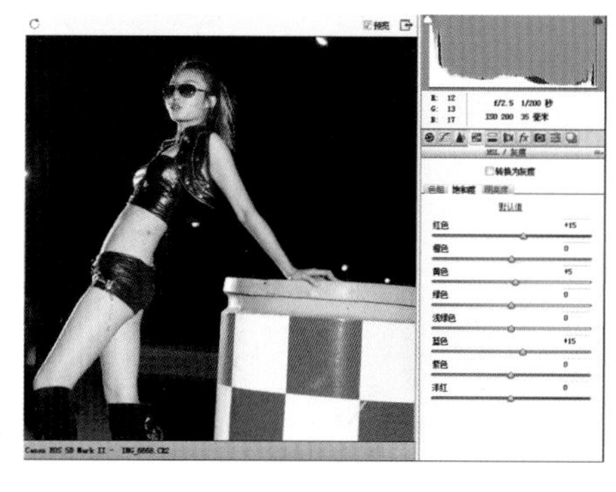

04 等全部调整结束后，单击照片下方的“打开图像”按钮，则照片会自动转换成 JPG 格式并在 Photoshop 中打开，效果如图所示。

Part2 磨皮处理

05 执行“滤镜 >Imagenomic>Portraiture”命令，其目的是使皮肤进一步变得柔嫩完美。

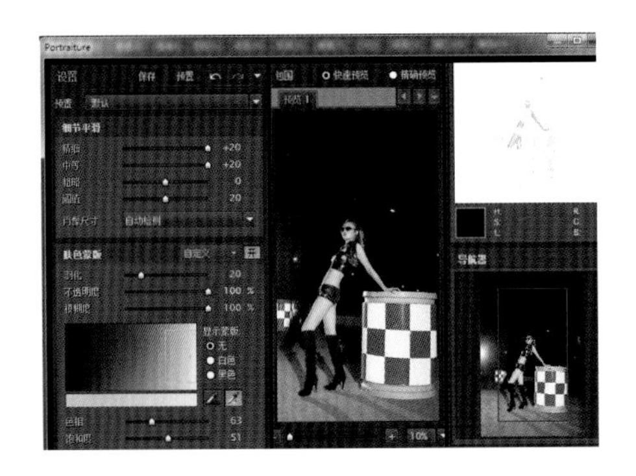

06 打开“Portraiture”对话框，直接选择显示蒙版下的吸管工具，在人物的皮肤上单击，则自动选择皮肤的色相、饱和度和明度。此例中，精细设置为 +20，中等设置为 +20，粗略设置为 0，阈值设置为 20，色相自动调整为 63，饱和度自动调整为 51，明度自动调整为 90，范围自动调整为 40，其他参数保持不变。调整完成后按“确认”退出插件，如图所示。

Part3 瘦身处理

07 执行“滤镜 > 液化”命令，对人物进行瘦身处理，如图所示。

08 选择向前变形工具，并设置合适的画笔大小，修饰人物的腿形、腰型和脸型。画笔的大小根据要修改的照片范围的大小而确定，数值越大，修改的范围也越大，且修改的时候要一点一点地修饰，切忌画笔太大。

Part4 色调调整

09 单击面板底部的“创建新的填充或调整图层”按钮，在弹出的菜单中选择“自然饱和度”命令，如图所示。

10 打开“自然饱和度”调整对话框，将鼠标移动到“自然饱和度”选择区域的中间部分，按住鼠标左键，向右拖动三角滑块，将自然饱和度的数值调整为 +100，可以看到照片的饱和度在精细地增加，使原本无法显示的颜色显现出来。

11 在 Photoshop CC 左侧的工具栏中将前景色设置为黑色，背景色设置为白色，选择画笔工具，设置合适的画笔大小，将不透明度设置为 50%。然后在照片中擦除人物部分，使其不增加饱和度。

12 继续复制一层自然饱和度图层，将不透明度更改为 40%，加强背景的饱和度，如图所示。

13 单击面板底部的“创建新的填充或调整图层”按钮，在弹出的菜单中选择“可选颜色”命令，该命令主要用于对照片中指定的颜色值进行调整，是颜色调整不可或缺的工具之一。

14 打开“可选颜色”调整对话框，本例先对照片中红色的部分进行色彩调整，将鼠标指针移动到青色选择区域的中间部分，按住鼠标左键，向左拖动三角滑块，将青色部分的数值调整为 -50%，对照片中的红色部分追加一些红色，其他参数保持不变，如图所示。

15 继续对照片中黄色的部分进行色彩调整，将鼠标指针移动到青色选择区域的中间部分，按住鼠标左键，向左拖动三角滑块，将青色部分的数值调整为 -30%，对照片中的黄色部分追加一点红色；黄色部分的数值调整为 -15%，对照片中的黄色部分继续追加一点蓝色，效果如图所示。

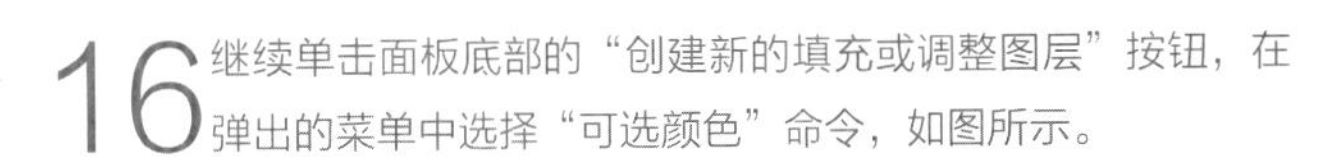

16 继续单击面板底部的“创建新的填充或调整图层”按钮，在弹出的菜单中选择“可选颜色”命令，如图所示。

17 打开“可选颜色”调整对话框，对照片中白色的部分进行色彩调整，将鼠标指针移动到青色选择区域的中间部分，按住鼠标左键，向右拖动三角滑块，将青色部分的数值调整为 +100%，对照片中的白色部分追加一些青色，其他参数保持不变，如图所示。

18 将前景色设置为黑色，背景色设置为白色，选择画笔工具，设置合适的画笔大小，将不透明度设置为 100%。然后在照片中擦除人物部分，使其不受影响，如图所示。

Part5 亮度对比度处理

19 继续单击面板底部的“创建新的填充或调整图层”按钮，在弹出的菜单中选择“色阶”命令，如图所示。

20 打开“色阶”调整对话框，选择最右边三角滑块（亮部区域），按住鼠标左键像左拖动，增加照片的对比度。此例中，暗部区域设置为 0，亮部区域设置为 249，如图所示。

21 继续单击面板底部的“创建新的填充或调整图层”按钮，在弹出的菜单中选择“曲线”命令，然后打开“曲线”调整对话框，把鼠标指针移动到曲线上相应的部分，按住鼠标左键向上方缓缓移动，可以看到照片渐渐变亮，同时颜色的饱和度也会有所增加。此例中，输入值设置为 125，输出值设置为 133，如图所示。

22 按快捷键“Ctrl+Shift+Alt+E”盖印图层，得到“图层 2”，如图所示。

Part6 锐化处理

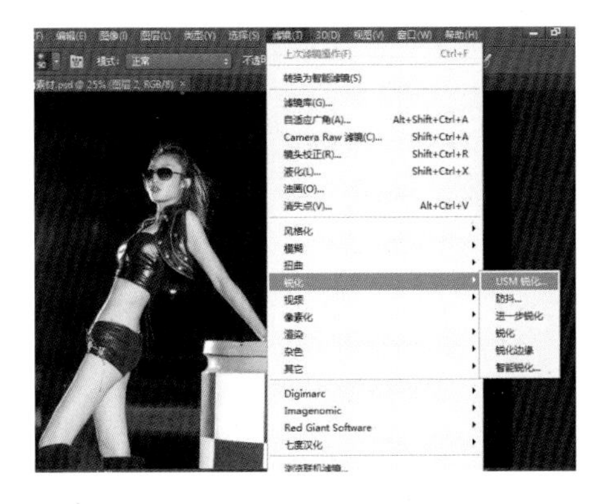

23 执行“滤镜 > 锐化 >USM 锐化”命令，对照片进行锐化处理，如图所示。

24 将 USM 锐化的数量更改为 80%，半径更改为 1.0 像素，阈值更改为 1 色阶，勾选上“预览”按钮，效果如图所示。

25 合并所有图层，最终效果如右图。

Chapter4
风光摄影修图实战技巧

01 西江苗寨

02 水天一色

03 童话王国

04 蜿蜒盘旋

05 大气磅礴

01 西江苗寨★★★★

——民俗建筑照片的处理

西江千户苗寨，位于贵州省黔东南苗族侗族自治州雷山县东北部的雷公山麓，10 余个依山而建的自然村寨相连成片，是目前中国乃至全世界最大的苗族聚居村寨。西江千户苗寨是一个苗族原生态文化保存完整的地方，是领略和认知中国苗族漫长历史与发展过程的首选之地。西江每年的苗年节、吃新节，以及 13 年一次的牯藏节等名扬四海。西江千户苗寨是一座露天博物馆，是一部苗族发展史诗，是一座观赏和研究苗族传统文化的大看台。

本片拍摄的时间是早上，片子整体发灰，亮度和颜色均不够理想，所以在后期调色处理的时候用“可选颜色”命令将蓝绿色体现出来，并通过“色阶”命令来增加层次感。最后还用图层混合模式的方式追加了朦胧的艺术效果。

■后期处理技术要点

- 可选颜色的运用
- 高斯模糊的运用
- 色阶命令的运用
- 锐化的运用

Part1 RAW 初步调整

01 打开 Adobe Photoshop CC 软件，将原始 RAW 格式照片直接拖至画布中，Camera Raw 插件会自动打开原始照片，如图所示。

02 按快捷键“F”将 Camera Raw 插件切换到全屏模式，首先在“基本”选项卡下调整，将鼠标指针移动到曝光参数的中间部分，按住鼠标左键，向右拖动三角滑块，将曝光部分的数值调整为 +0.55，使照片整体被提亮。再将对比度部分的数值调整为 +22，增加照片的对比度，解决片子部分发灰的问题。然后将高光部分的数值调整为 +28，阴影部分的数值调整为 +61，白色部分的数值调整为 +63，黑色部分的数值调整为 -8。最后观察照片，如果发现曝光还不准确，可以再适当调整，效果如图所示。

03 接着将清晰度部分的数值增加到 +5，自然饱和度部分的数值增加到 30，让照片更加鲜艳，效果如图所示。

04 接下来将色温部分的数值调整为 5200，色调部分的数值调整为 +5，增加画面的蓝色原色，让画面更加和谐，如图所示。

05 第二步骤在“HSL/ 灰度”选项卡下调整，将饱和度部分中绿色部分的数值增加到 +22，浅绿色部分的数值增加到 +15，蓝色部分的数值增加到 +15，其他参数保持不变，效果如图所示。

06 第三步骤在渐变滤镜工具下进行调整。单击渐变滤镜工具，在照片上自上而下拖动出一条渐变，自绿色点到红色点会产生渐变效果，将色温调整为 -33，色调调整为 -10，曝光调整为 -1.30，对比度调整为 +48，高光调整为 -2，阴影调整为 -98，清晰度调整为 +14，饱和度调整为 +25，其他参数保持不变，效果如图所示。

07 最后单击面板最下方的“工作流程选项”，将色彩空间设置为“sRGB IEC61966-2.1”，色彩深度更改为 8 位 / 通道，其他参数保持不变。等全部调整结束后，单击照片下方的“打开图像”按钮，则照片会自动转换成 JPG 格式并在 Photoshop 中打开，效果如图所示。

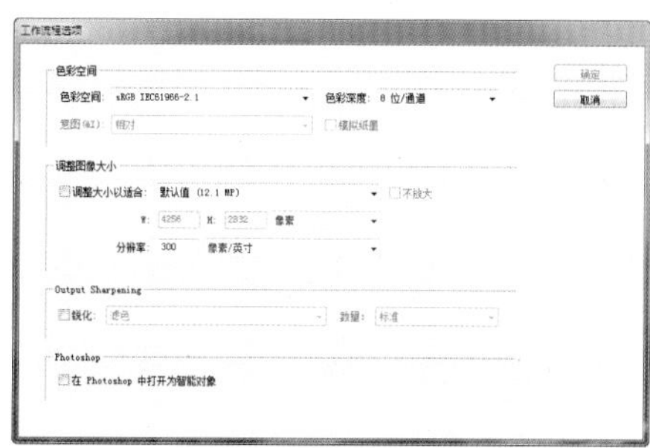

Part2 色调调整

08 单击面板底部的“创建新的填充或调整图层”按钮，在弹出的菜单中选择“可选颜色”命令，如图所示。

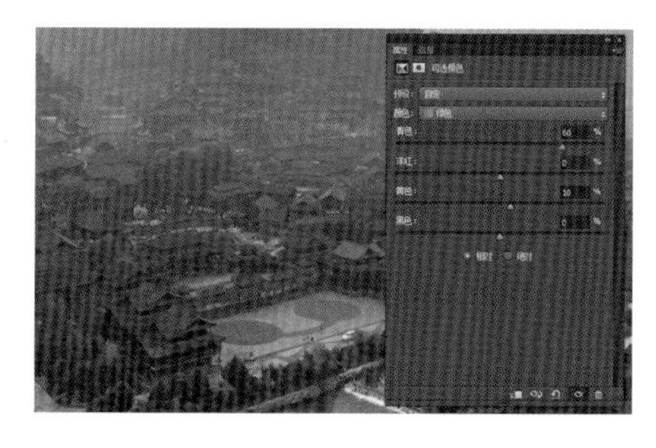

09 打开“可选颜色”调整对话框，本例先对照片中绿色的部分进行色彩调整，将鼠标指针移动到青色选择区域的中间部分，按住鼠标左键，向右拖动三角滑块，将青色部分的数值调整为 60%，对照片中的绿色部分追加一些青色；黄色部分的数值调整为 10%，对照片中的绿色部分追加一点黄色，如图所示。

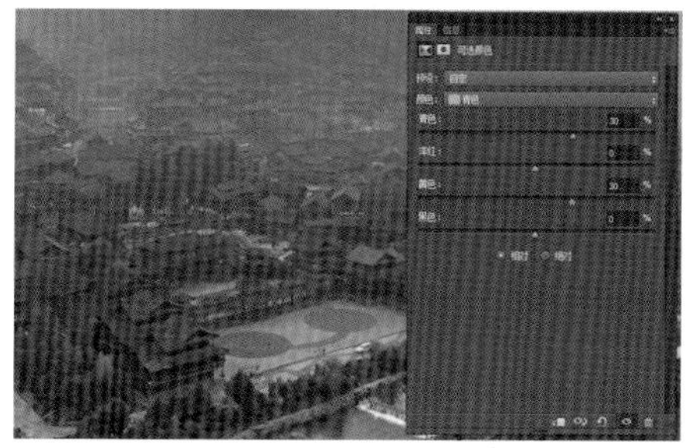

10 继续对照片中青色的部分进行色彩调整，将鼠标指针移动到青色选择区域的中间部分，按住鼠标左键，向右拖动三角滑块，将青色部分的数值调整为 30%，使照片中的青色部分更加饱和；黄色部分的数值调整为 30%，对照片中的青色部分继续追加一点黄色，如图所示。

11 再对照片中白色的部分进行色彩调整，将鼠标指针移动到青色选择区域的中间部分，按住鼠标左键，向左拖动三角滑块，将青色部分的数值调整为 -45%，对照片中的白色部分追加一些红色；洋红部分的数值调整为 -15%，对照片中的白色部分追加一些绿色；黄色部分的数值调整为 5%，对照片中的白色部分追加一些黄色，如图所示。

12 最后对照片中中性色的部分进行色彩调整，将鼠标指针移动到青色选择区域的中间部分，按住鼠标左键，向右拖动三角滑块，将青色部分的数值调整为 5%，洋红部分的数值调整为 -5%，黄色部分的数值调整为 5%，如图所示。

Part3 亮度对比度处理

13 单击面板底部的“创建新的填充或调整图层”按钮，在弹出的菜单中选择“色阶”命令，如图所示。

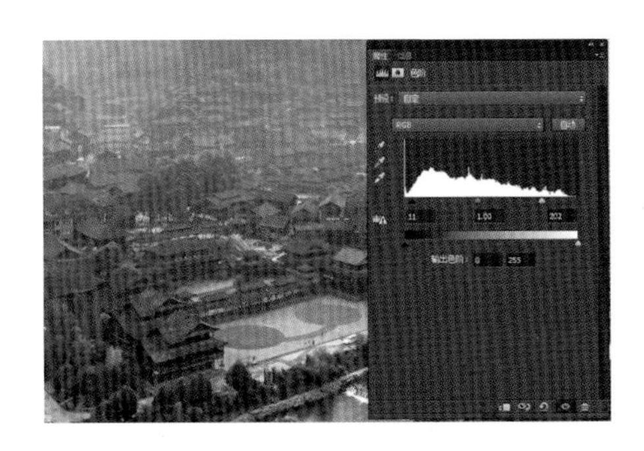

14 打开“色阶”调整对话框，选择最左边的三角滑块（暗部区域），按住鼠标左键向右拖动，选择最右边的三角滑块（亮部区域），按住鼠标左键像左拖动，增加照片的对比度。此例中，暗部区域设置为 11，亮部区域设置为 202，如图所示。

15 继续单击面板底部的“创建新的填充或调整图层”按钮，在弹出的菜单中选择“色阶”命令，如图所示。

16 打开“色阶”调整对话框，选择最左边的三角滑块（暗部区域），按住鼠标左键向右拖动，增加照片的对比度。此例中，暗部区域设置为 18，亮部区域设置为 255，如图所示。

17 在 Photoshop CC 左侧的工具栏中选择渐变工具，将前景色设置为黑色，背景色设置为白色，选择线性渐变，从黑色向白色渐变，然后选择色阶蒙版，从照片下方向上方拖出一条渐变，让色阶命令只作用于照片的上半部分，如图所示。

18 单击面板底部的“新建图层”按钮，得到“图层 1”，如图所示。

Part4 背景污点处理

19 选中“图层 1”，按快捷键“Ctrl+Shift+Alt+E”盖印图层，如图所示。

20 在 Photoshop CC 左侧的工具栏中选择污点修复画笔工具，在照片上有斑点的部分单击，修除照片上的杂点，如图所示。

21 按快捷键“Ctrl+J”复制“图层 1”，得到“图层 1 拷贝”图层，如图所示。

Part5 艺术化处理

22 执行“滤镜 > 模糊 > 高斯模糊”命令，如图所示。

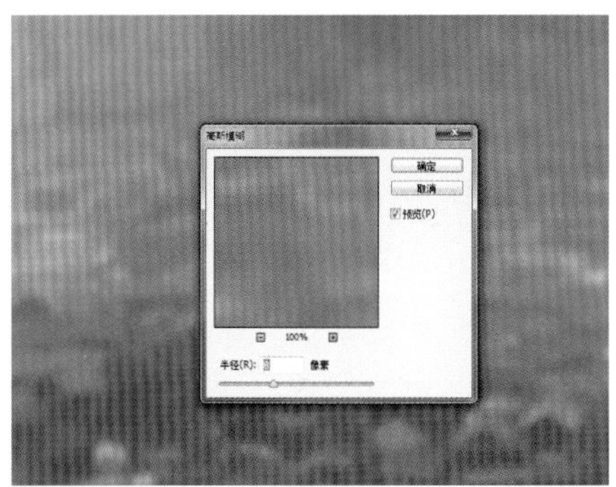

23 打开“高斯模糊”对话框，将高斯模糊半径更改为 8 像素，如图所示。

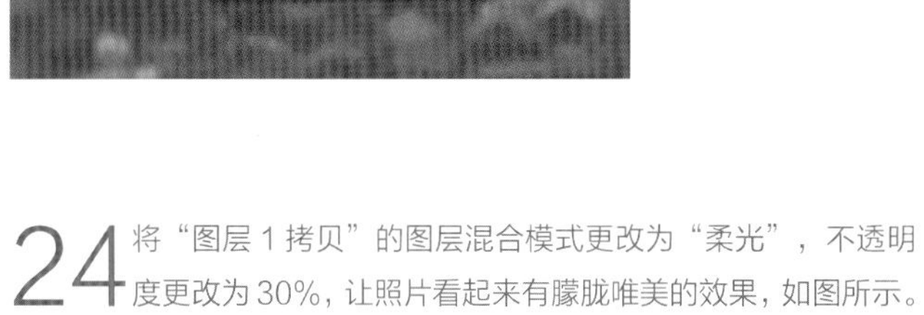

24 将“图层 1 拷贝”的图层混合模式更改为“柔光”，不透明度更改为 30%，让照片看起来有朦胧唯美的效果，如图所示。

25 按快捷键“Ctrl+Shift+Alt+E”盖印图层，得到“图层 2”，如图所示。

Part6 锐化处理

26 执行“滤镜 > 锐化 >USM 锐化”命令，最后对照片进行锐化处理，增加照片的清晰度。

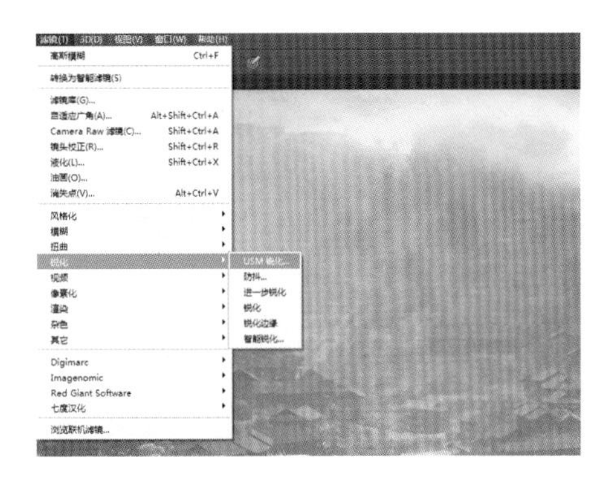

27 将 USM 锐化的数量更改为 50%，半径为 1.0 像素，阈值更改为 1 色阶，勾选上“预览”按钮，最终锐化效果如图所示。

28 合并所有图层，最终效果如下图。

02 水天一色★★★★

——江河照片的处理

Photoshop CC 的 Photomerge 功能可以轻松地将几张照片无缝地拼合到一起，这就为我们摄影后期的接片提供了一个很好的平台，并且自动校正色调可以使画面和谐统一。但是这里需要提醒大家注意的是，要想得到一张完美的接片照片，前期拍摄的时候就需要考虑接片的需要，否则在后期制作的时候就有可能出现错位、接不上等问题，最终得不到理想的效果。

■后期处理技术要点

■ Photomerge 的运用

■ Camera Raw 滤镜的运用

■裁切的运用

■加深减淡的运用

Part1 Photomerge 自动接片

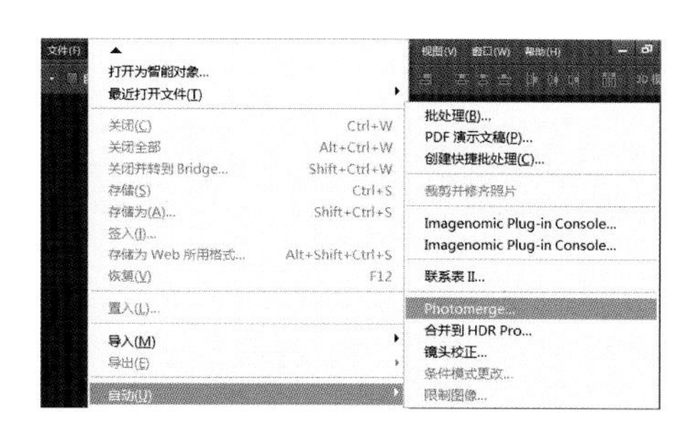

01 打开 Adobe Photoshop CC 软件，单击“文件 > 自动 >Photomerge”命令，如图所示。

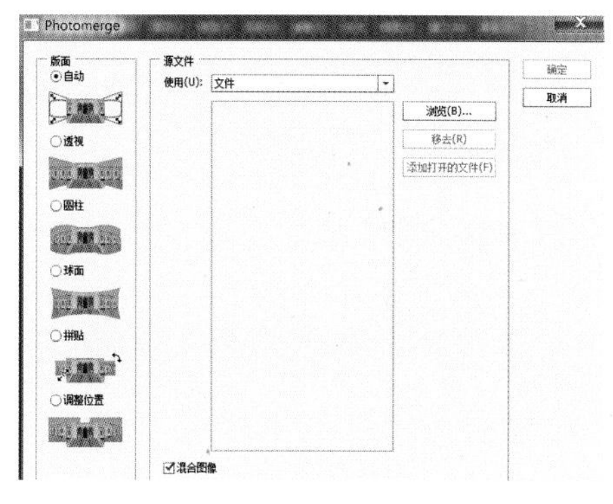

02 打开“Photomerge”对话框，单机“浏览”按钮，如图所示。

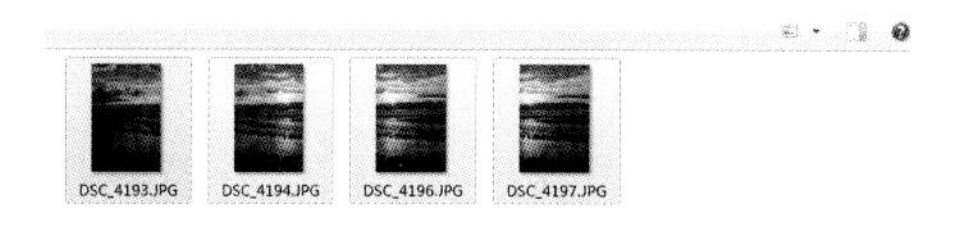

03 打开“浏览”对话框，依次选择需要拼接的 4 个照片文件。选中后，单击“打开”按钮，导入我们需要的这 4 张照片，如图所示。

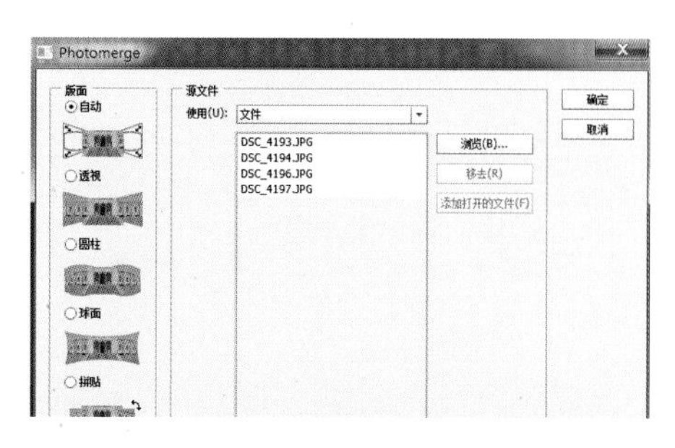

04 在“版面”选项下选择默认的“自动”模式，单击“确定”按钮，Photoshop CC 软件会自动地拼接所选择的照片，这个过程可能需要一段时间，大家要耐心等待。

05 经过一段时间的等待后，软件就自动拼接出了一张大场景的照片，如图所看到的效果。

Part2 重新构图

06 在 Photoshop CC 左侧的工具栏中选择裁切工具，并在照片中拖动，对拼接的照片进行适当的裁切，去除穿帮的部分，然后双击确定，校正效果如图所示。

Part3 整体把控

07 选中所有图层，按鼠标右键选择“合并可见图层”命令，对所有的照片进行合并操作。

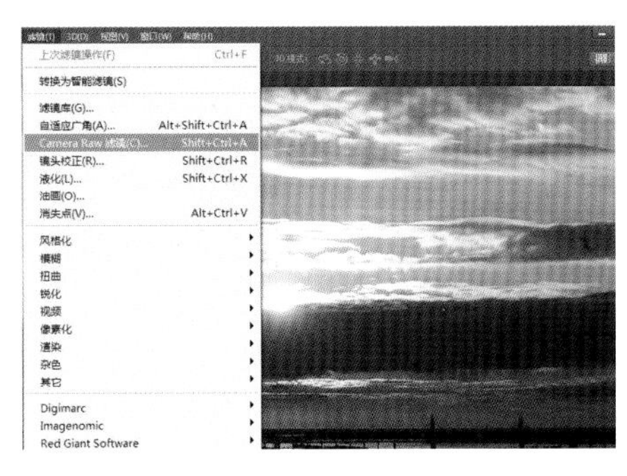

08 执行“滤镜 >Camera Raw 滤镜”命令，如图所示。

09 按快捷键“F”将 Camera Raw 插件切换到全屏模式，将鼠标指针移动到曝光参数的中间部分，按住鼠标左键，向右拖动三角滑块，将曝光部分的数值调整为 +0.40，这样能使照片整体提亮。冉将对比度部分的数值调整为 +11，高光部分的数值调整为 -37，阴影部分的数值调整为 +87，黑色部分的数值增加到 +3。然后观察照片，如果发现曝光还不准确，可以再适当调整。

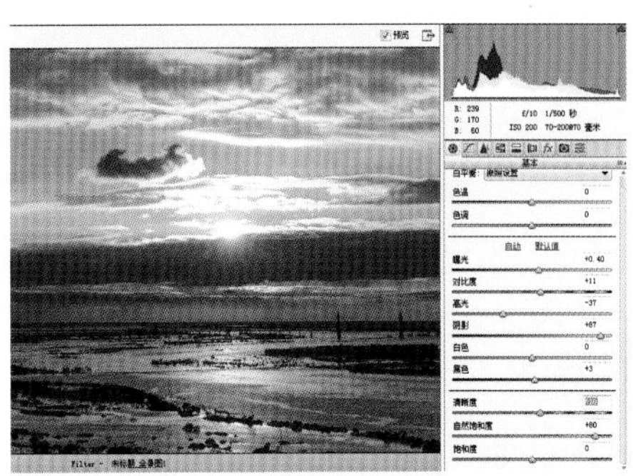

10 接着将清晰度部分的数值增加到 +10，自然饱和度部分的数值增加到 +80，让照片更加鲜艳，效果如图所示。

11 然后将色温部分的数值增加到+20，以加强画面的暖色元素，效果如图所示。

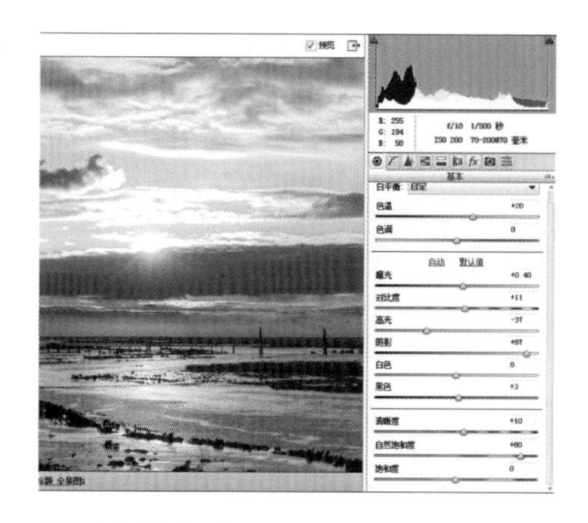

12 打开“HSL/灰度”选项卡，将饱和度中红色部分的数值增加到+100，黄色部分的数值增加到+60，其他参数保持不变，如此增加了照片中红色和黄色的饱和度，效果如图所示。

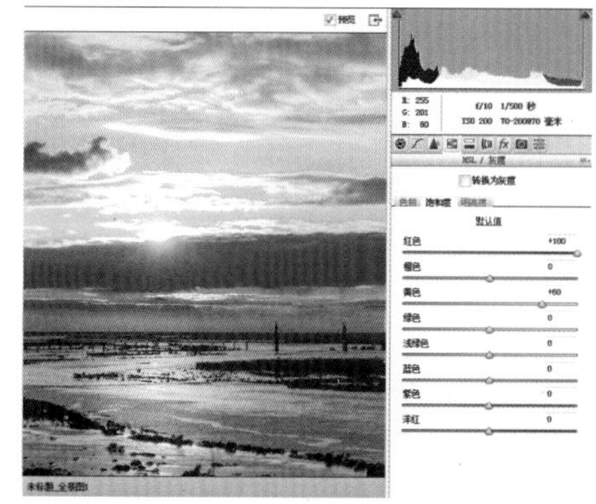

13 最后对照片进行水平校正。打开“镜头校正”选项卡，单击“水平方向校正”按钮，即可对照片进行水平校正，效果如图所示。

Part4 修除杂色

14 按快捷键“J”选择修复画笔工具，修除照片上由于相机进灰而产生的黑点，修饰效果如图所示。

Part5 追加层次感

15 按快捷键“O”选择减淡和加深工具，曝光度设置在10%左右。然后在照片边缘部位进行加深处理，在中间部位进行减淡处理，让照片更加具有层次感。

03 童话王国★★★★

——雪乡照片的处理

冰雪是冬季特有的景观，冰雪摄影是摄影师们钟爱的一个创作题材。寒冬腊月，当大雪纷飞、冰雪覆盖大地时，正是冰雪摄影的大好时机。但是，冰雪的照片拍了很多很多，可真正打动人心的佳作却很少，究其原因，除了拍摄的因素以外，还有图片后期处理的因素，好的后期处理能起到润色的作用。

■后期处理技术要点

■裁切的运用

■自然饱和度的运用

■可选颜色命令的运用

■曲线的运用

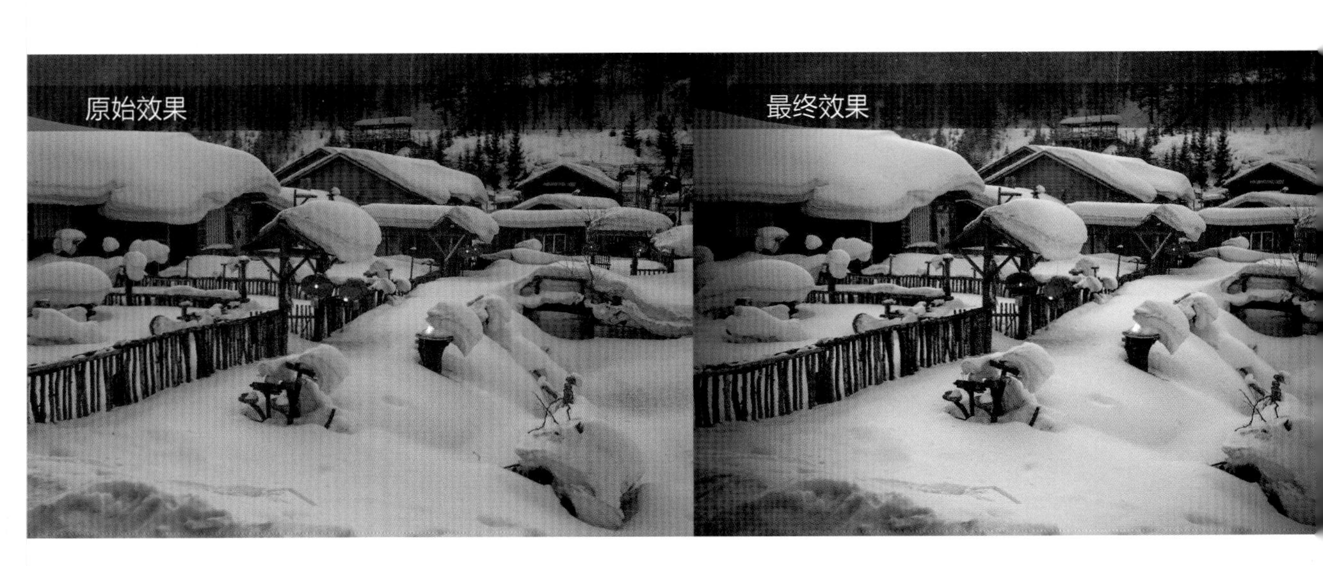

11 然后将色温部分的数值增加到+20，以加强画面的暖色元素，效果如图所示。

12 打开“HSL/灰度”选项卡，将饱和度中红色部分的数值增加到+100，黄色部分的数值增加到+60，其他参数保持不变，如此增加了照片中红色和黄色的饱和度，效果如图所示。

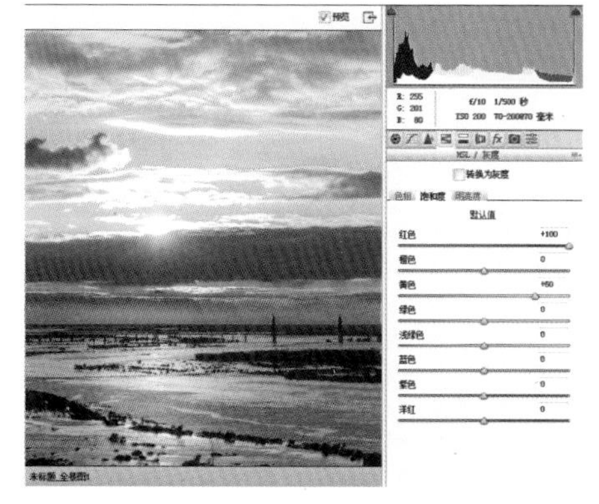

13 最后对照片进行水平校正。打开“镜头校正”选项卡，单击“水平方向校正”按钮，即可对照片进行水平校正，效果如图所示。

Part4 修除杂色

14 按快捷键“J”选择修复画笔工具，修除照片上由于相机进灰而产生的黑点，修饰效果如图所示。

Part5 追加层次感

15 按快捷键“O”选择减淡和加深工具，曝光度设置在10%左右。然后在照片边缘部位进行加深处理，在中间部位进行减淡处理，让照片更加具有层次感。

Part6 锐化处理

16 按快捷键“Ctrl+J”复制“DSC_4193.JPG”图层，得到“DSC_4193.JPG 拷贝”图层，目的是为最后的锐化操作做准备，如图所示。

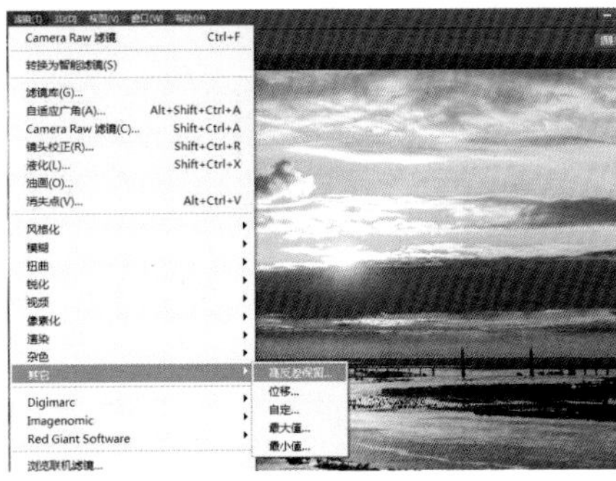

17 执行“滤镜 > 其他 > 高反差保留”命令，目的是做锐化，增加照片的清晰度，如图所示。

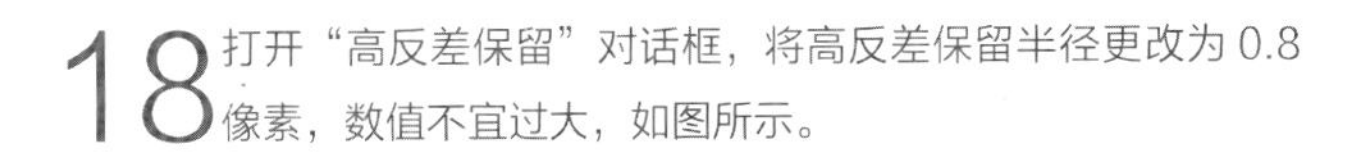

18 打开“高反差保留”对话框，将高反差保留半径更改为 0.8 像素，数值不宜过大，如图所示。

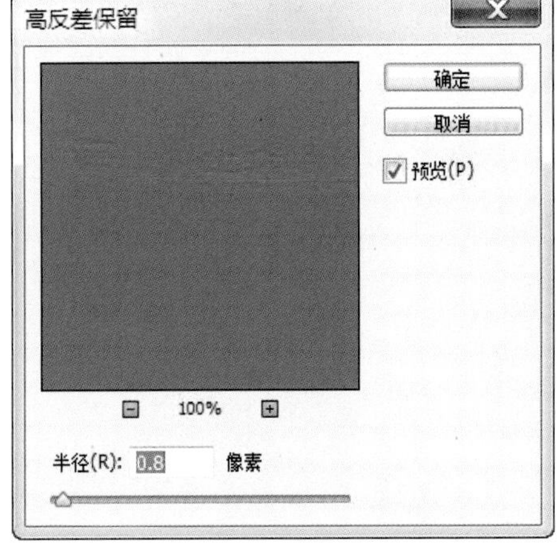

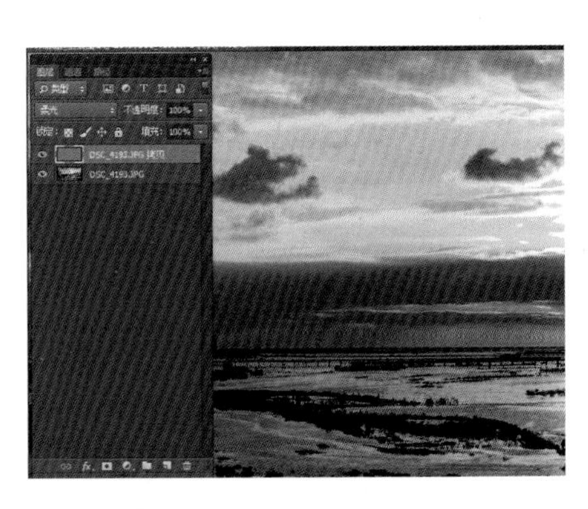

19 将“DSC_4193.JPG 拷贝”图层的混合模式更改为“柔光”，不透明度为 100%，屏蔽灰色，以达到锐化的目的，效果如图所示。

20 如果感觉锐化的效果不明显，可以将高反差保留图层再复制一次，追加照片的清晰度。

21 合并所有图层，最终效果如下图。

03 童话王国★★★★

——雪乡照片的处理

冰雪是冬季特有的景观，冰雪摄影是摄影师们钟爱的一个创作题材。寒冬腊月，当大雪纷飞、冰雪覆盖大地时，正是冰雪摄影的大好时机。但是，冰雪的照片拍了很多很多，可真正打动人心的佳作却很少，究其原因，除了拍摄的因素以外，还有图片后期处理的因素，好的后期处理能起到润色的作用。

■后期处理技术要点

- 裁切的运用
- 自然饱和度的运用
- 可选颜色命令的运用
- 曲线的运用

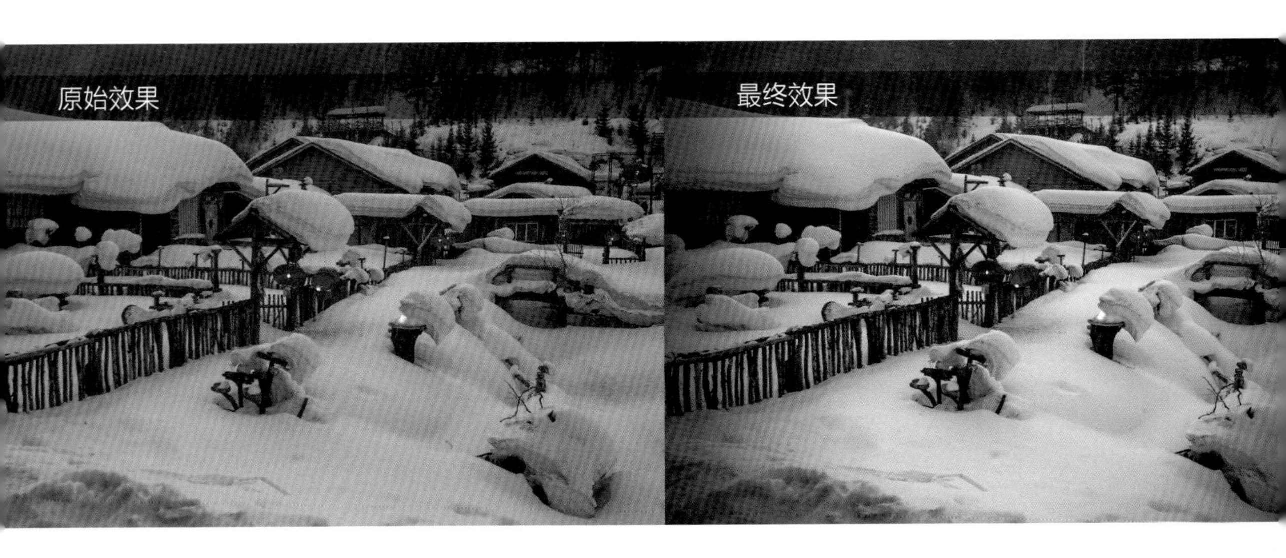

Part1 局部亮度处理

01 打开 Adobe Photoshop CC 软件，执行“文件 > 打开”命令，打开原稿图像。如图所示。

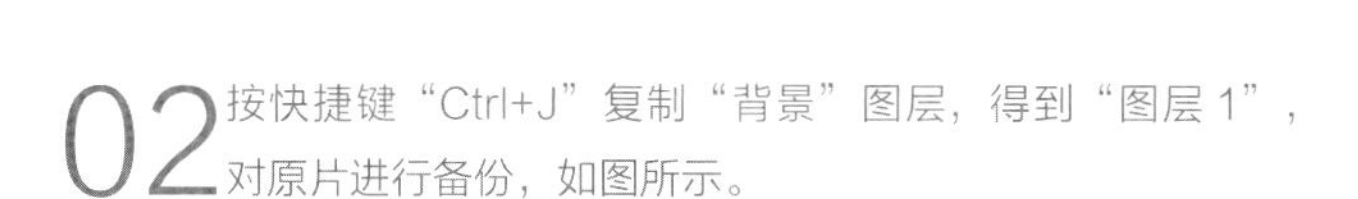

02 按快捷键“Ctrl+J”复制“背景”图层，得到“图层 1”，对原片进行备份，如图所示。

03 按快捷键“Ctrl+M”调出“曲线”命令，向下拖动曲线，目的是降低照片的整体亮度。此例中，输入值为 138，输出值为 106，效果如图。

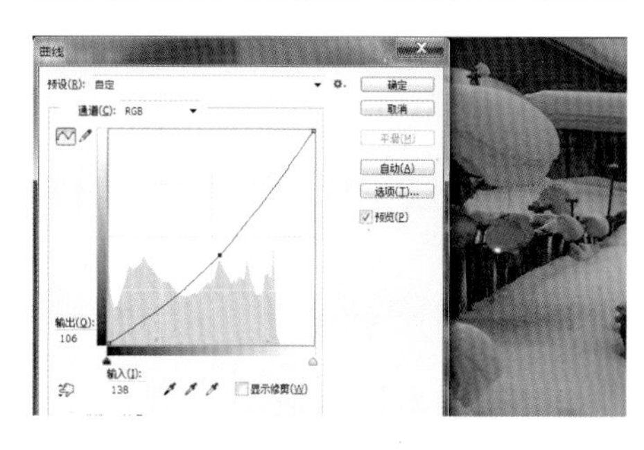

04 按住 Alt 键的同时单击“图层”面板底部的“添加图层蒙版”按钮，得到黑色的蒙版，将前景色设置为白色，选择画笔工具，将不透明度更改为 50% 左右，硬度为 0，然后在照片中红色灯笼上擦拭，目的是降低灯笼的亮度，不让红色灯笼曝光过度，效果如图所示。

05 用同样的办法增加照片上 1/3 处的亮度，让画面整体亮度得到平衡，如图所示。

06 单击面板底部的“创建新的填充或调整图层”按钮，在弹出的菜单中选择“色阶”命令，如图所示。

07 打开“色阶”调整对话框，选择亮部区域滑块向中间拖动，目的是增加图像的亮度和对比度，参数分别为 0、1.00、228，效果如图所示。

08 单击面板底部的“创建新的填充或调整图层”按钮，在弹出的菜单中选择“曲线”命令，如图所示。

09 打开“曲线”调整对话框，把鼠标指针移动到曲线上相应的部分，按住鼠标左键向上方缓缓移动，可以看到照片渐渐变亮，同时颜色的饱和度也会有所增加，如图所示。

Part2 饱和度处理

10 单击面板底部的“创建新的填充或调整图层”按钮，在弹出的菜单中选择“自然饱和度”命令，如图所示。

11 打开“自然饱和度”调整对话框，将“自然饱和度”的数值调整为 +25，目的是增加照片的饱和度，如图所示。

12 按快捷键“Ctrl+Shift+Alt+E”盖印图层，得到“图层 3”，如图所示。

13 单击面板底部的“创建新的填充或调整图层”按钮，在弹出的菜单中选择“色阶”命令，如图所示。

14 打开“色阶”调整对话框，选择亮部和暗部区域滑块向中间拖动，继续增加照片的对比度，参数分别为 8、1.00、240，效果如图所示。

15 按快捷键“Ctrl+Shift+Alt+E”盖印图层，得到“图层 4”，如图所示。

Part3 暗角制作

16 按快捷键“Ctrl+J”复制“图层 4”，得到“图层 4 拷贝”图层，如图所示。

图像(I) 图层(L) 类型(Y) 选择(S) 滤镜(T)
上次滤镜操作(F) Ctrl+F
转换为智能滤镜(S)
滤镜库(G)...
自适应广角(A)... Alt+Shift+Ctrl+A
Camera Raw 滤镜(C)... Shift+Ctrl+A
镜头校正(R)... Shift+Ctrl+R
液化(L)... Shift+Ctrl+X
油画(O)...
消失点(V)... Alt+Ctrl+V
风格化
模糊
扭曲
锐化
视频
像素化
渲染
杂色
其它

17 执行“滤镜 > 镜头校正”命令，目的是制作出图像四周暗角的效果。

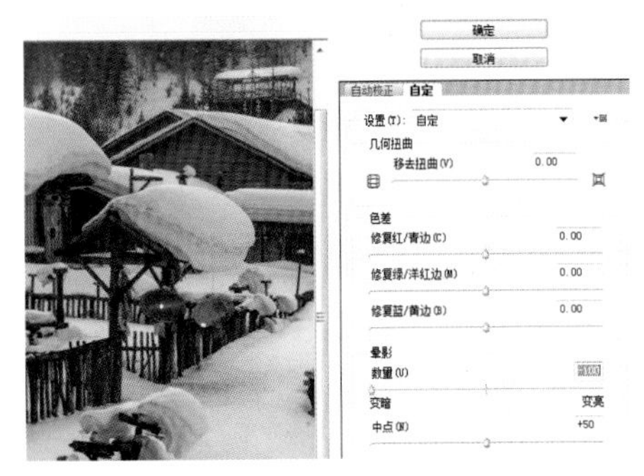

18 开启“镜头校正”对话框，点选窗口右上方的“自定”标签，将晕影数量更改为 -100，为图像添加暗角效果，设定完毕后按下“确定”键。

Part4 锐化处理

19 按快捷键“Ctrl+J”复制“图层 4 拷贝”图层，得到“图层 4 拷贝 2”图层，目的是为最后的锐化操作做准备，如图所示。

图层(L) 类型(Y) 选择(S) 滤镜(T)
上次滤镜操作(F) Ctrl+F
转换为智能滤镜(S)
滤镜库(G)...
自适应广角(A)... Alt+Shift+Ctrl+A
Camera Raw 滤镜(C)... Shift+Ctrl+A
镜头校正(R)... Shift+Ctrl+R
液化(L)... Shift+Ctrl+X
油画(O)...
消失点(V)... Alt+Ctrl+V
风格化
模糊
扭曲
锐化
视频
像素化
渲染
杂色
其它
高反差保留...
位移...
Digimarc

20 执行“滤镜 > 其他 > 高反差保留”命令，目的是做锐化，提高图像的清晰度，如图所示。

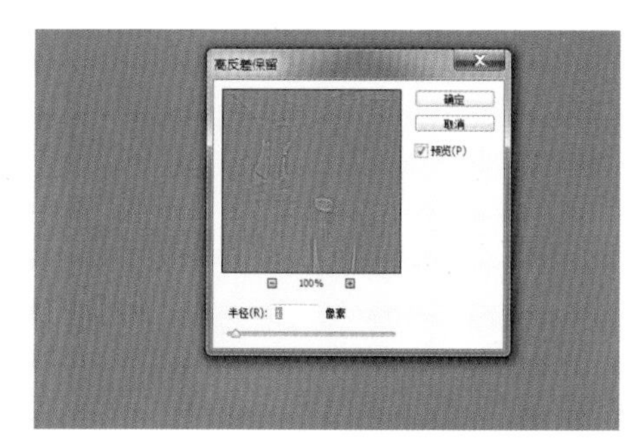

21 打开“高反差保留”对话框，将高反差保留半径更改为1像素，如图所示。

22 将“图层4拷贝2”图层的混合模式更改为“柔光”，不透明度为100%，屏蔽灰色，达到锐化的目的，效果如图所示。

23 合并所有图层，最终效果如下图。

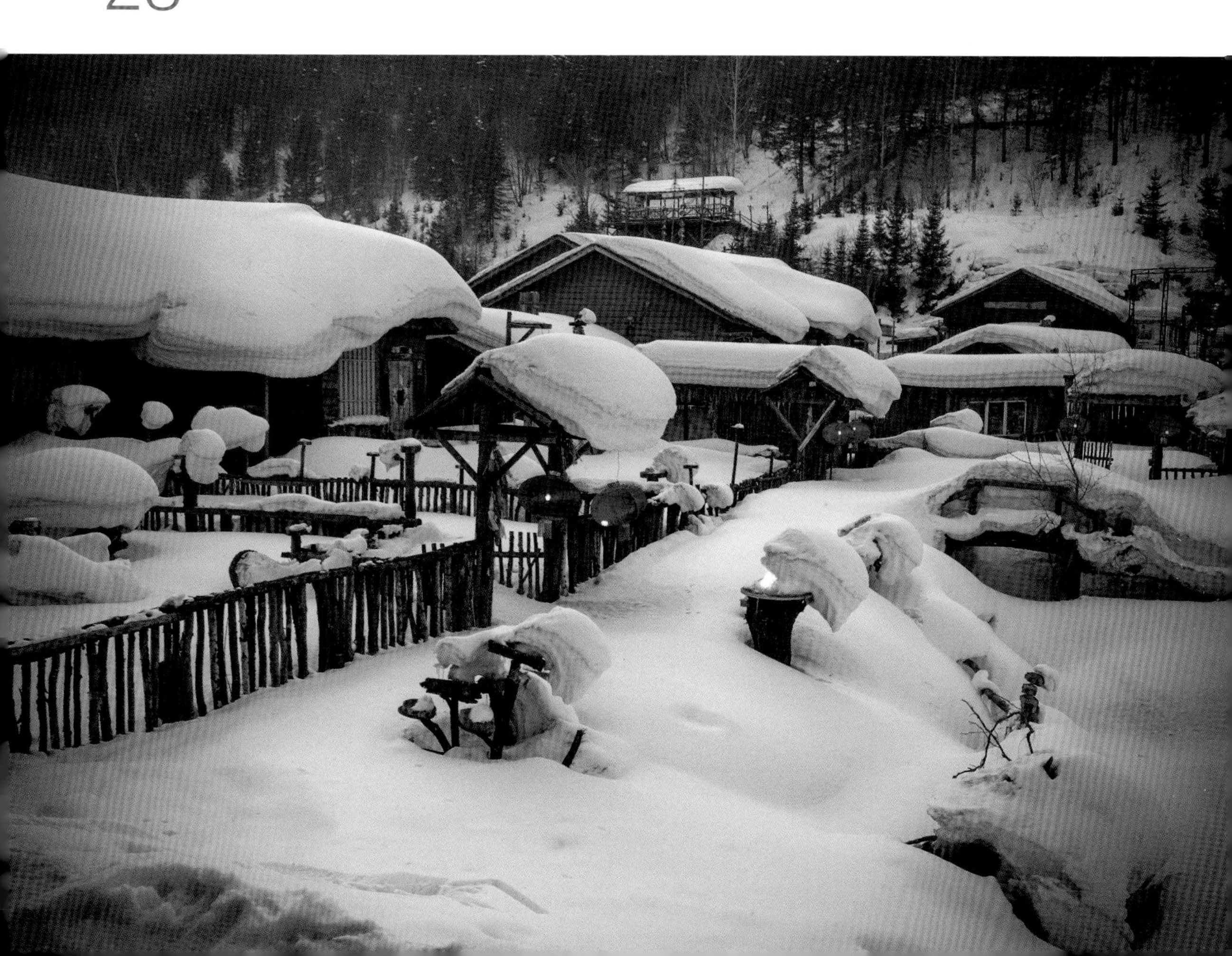

04 蜿蜒盘旋★★★★

——沙漠照片的处理

沙漠摄影的重点是要突出沙漠的纹理，而这种纹理的表现需要配合特殊的光线才能完美，所以沙漠照片在后期处理的时候，需要进行对比度的调节和光影的重塑。色温的把握也要以表达出一定的主题为原则，最后的锐化处理对一般沙漠类型的照片也是必不可少的。

■后期处理技术要点

■减少杂色的运用

■蒙版的运用

■曲线的运用

■ Camera Raw 插件的运用

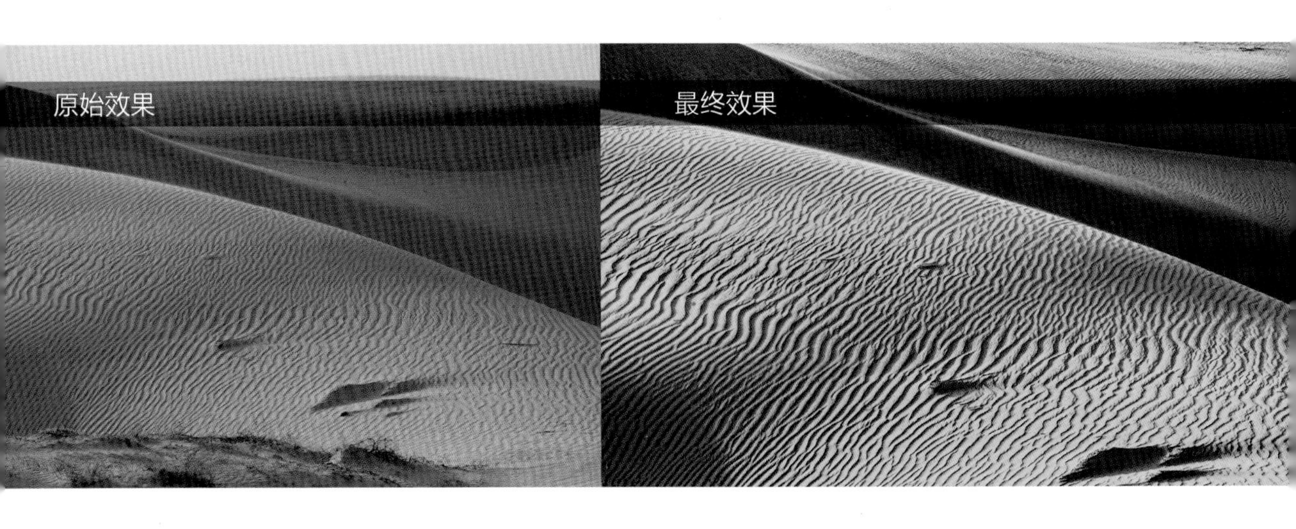

Part1 RAW 格式初步调整

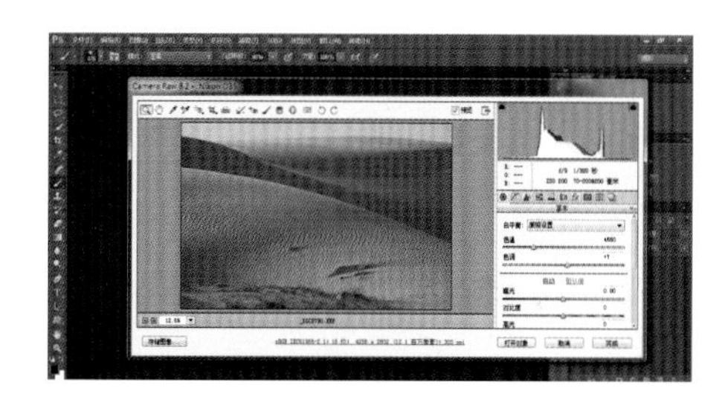

01 打开 Adobe Photoshop CC 软件，将原始 RAW 格式照片直接拖至画布中，Camera Raw 插件会自动打开原始照片，如图所示。

02 按快捷键“F”将 Camera Raw 插件切换到全屏模式，在“基本”选项卡下调整。先将鼠标指针移动到曝光参数的中间部分，按住鼠标左键，向右拖动三角滑块，将曝光部分的数值调整为 +0.05，这样能使照片整体提亮。再将对比度部分的数值调整为 +100，增加照片的对比度；高光部分的数值调整为 −99，降低照片中高光的亮度；阴影部分的数值调整为 +35，让照片中阴影处的细节显示出来，不出现死黑现象；白色部分的数值调整为 −21；黑色部分的数值调整为 −19。接着将清晰度部分的数值增加到 +67，自然饱和度部分的数值增加到 +100，让图像更加清晰和鲜艳。最后将色温部分的数值调整到 9600，色调部分的数值调整为 +5，增加画面的暖色元素，效果如图所示。

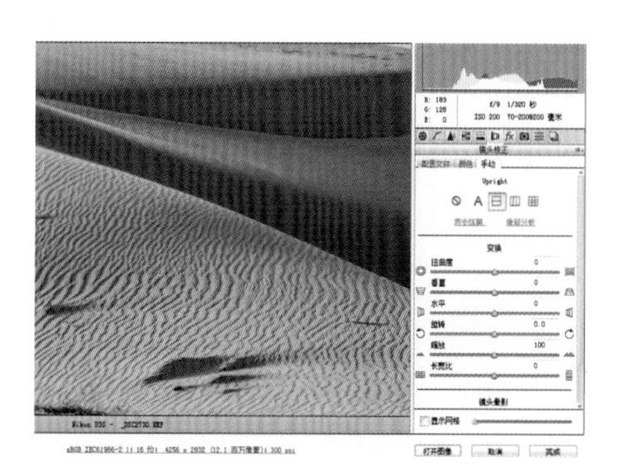

03 接着在“镜头校正”选项卡下调整，选择“手动”下的“水平：仅应用水平校正”选项，将照片整体进行水平校正。调整结束后，单击图像下方的“打开图像”按钮，则照片会自动转换成 JPG 格式并在 Photoshop 中打开，效果如图所示。

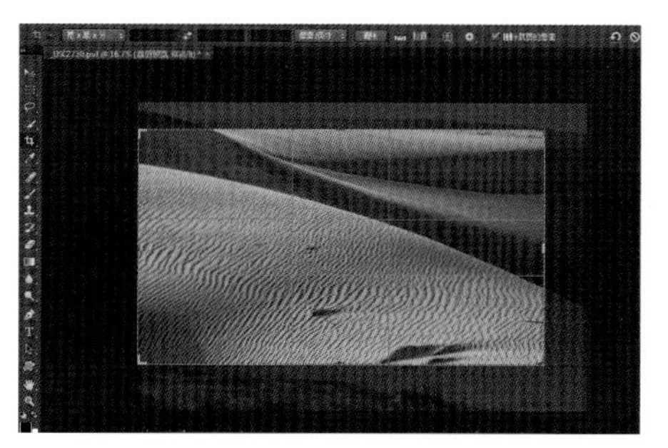

Part2 重新构图

04 按快捷键“C”或者在工具栏上选择裁剪工具，按照三分法的构图方式重新构图，裁切效果如图所示。

Part3 亮度对比度调整

05 单击面板底部的“创建新的填充或调整图层”按钮，在弹出的菜单中选择“色阶”命令，如图所示。

06 打开“色阶”调整对话框，选择暗部区域和亮部区域的滑块向中间拖动，可以看到画面整体变亮，同时增加照片的对比度，参数分别为 22、1.00、250，效果如图所示。

07 单击面板底部的“创建新的填充或调整图层”按钮，在弹出的菜单中选择“亮度 / 对比度”命令，如图所示。

08 将鼠标移动到“亮度”选择区域的中间部分，按住鼠标左键，向右拖动三角滑块，将“亮度”的数值调整为 16，将“对比度”的数值调整为 33，继续增加图像明暗之间的对比度。

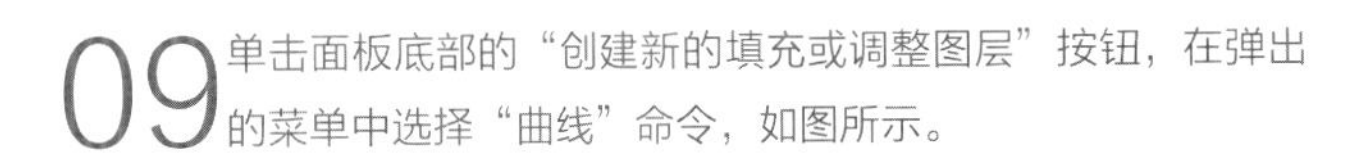

09 单击面板底部的“创建新的填充或调整图层”按钮，在弹出的菜单中选择“曲线”命令，如图所示。

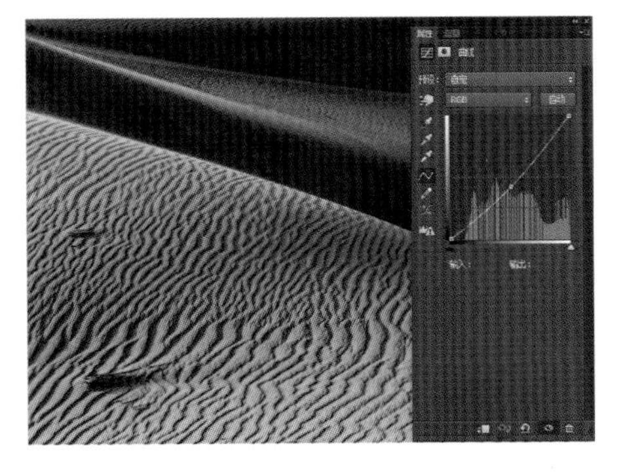

10 打开“曲线”调整对话框，把鼠标指针移动到曲线上相应的部分，按住鼠标左键向下方缓缓移动，可以看到照片渐渐变暗，同时颜色的饱和度也会有所降低，效果如图所示。

11 在 Photoshop CC 左侧的工具栏中将前景色设置为黑色，背景色设置为白色，选择画笔工具，设置合适的画笔大小，将不透明度设置为 80%。然后在照片中擦拭，增加画面中暗部的层次，效果如图所示。

Part4 色调调整

12 继续单击面板底部的“创建新的填充或调整图层”按钮，在弹出的菜单中选择“曲线”命令，如图所示。

13 在打开的“属性”面板中单击曲线，添加一个控制点，并对该点的位置进行调整。接着再添加一个控制点，编辑曲线为 S 形曲线，目的是调整照片的影调，显示出此起彼伏的沙漠效果。

14 单击面板底部的“创建新的填充或调整图层”按钮，在弹出的菜单中选择“照片滤镜”命令，如图所示。

15 打开“照片滤镜”对话框，将滤镜预设选择为“深黄”，浓度为 50%，目的是为图像增添一种黄色的暖调滤镜效果，如图所示。

Part5 降噪处理

16 按快捷键“Ctrl+Shift+Alt+E”盖印图层，得到“图层 1”，如图所示。

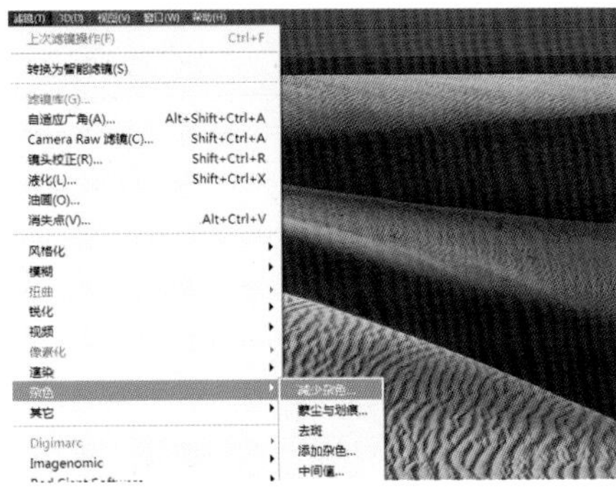

17 执行“滤镜 > 杂色 > 减少杂色”命令，对照片进行降噪处理，如图所示。

18 打开“减少杂色”调整对话框，将强度更改为 7，保留细节为 60%，减少杂色为 50%，锐化细节为 50%。然后观察降噪的效果，如果感觉不理想，继续将照片放大到 100%，仔细观察调整相对应的参数，如图所示。

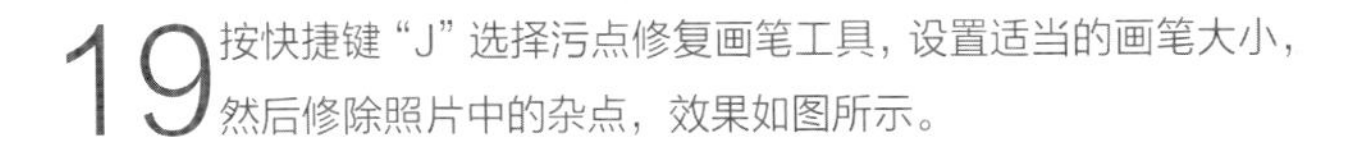

19 按快捷键“J”选择污点修复画笔工具，设置适当的画笔大小，然后修除照片中的杂点，效果如图所示。

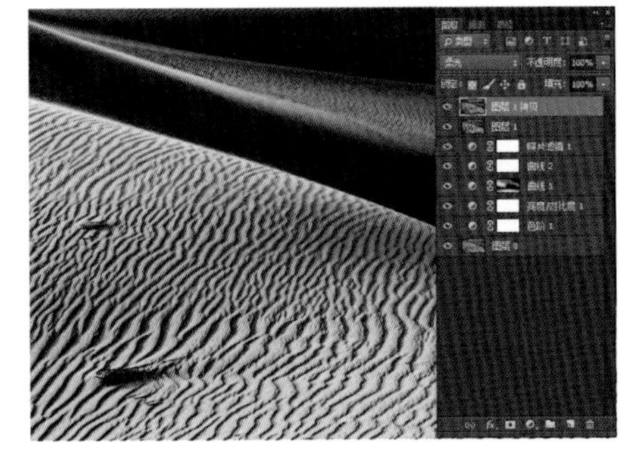

Part6 锐化处理

20 按快捷键“Ctrl+J”复制“图层 1”，得到“图层 1 拷贝”图层，并将此图层的混合模式更改为“柔光”，如图所示。

21 执行“滤镜 > 其他 > 高反差保留”命令，目的是做锐化，提高图像的清晰度。

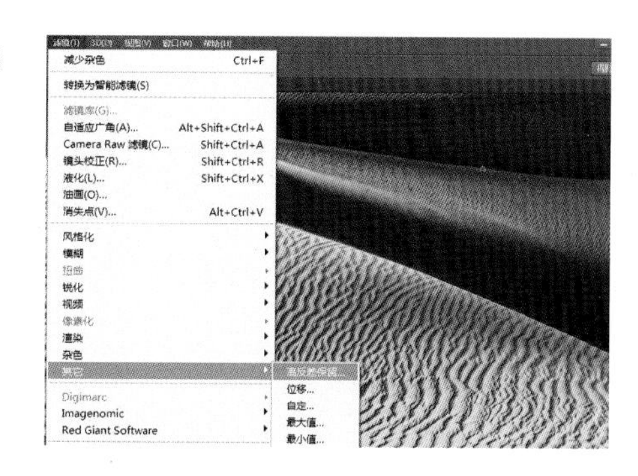

22 设置高反差保留半径为 1.0 像素，数值不宜太大，效果如图所示。

23 合并所有图层，最终效果如下图。

05 大气磅礴★★★★

——雪山照片的处理

对雪山照片的后期处理我们一般采用分层调整的方法来进行，因为我们要保证高光和阴影部分的细节都能很好地表现出来。先在 Camera Raw 插件中调整出一张保留阴影细节和色调的照片，再调整出一张保留高光细节和色调的照片，然后在 Photoshop CC 中进行两部分的合成。这里需要提醒读者注意的是，这类照片的光影打造很重要，也是我们处理的重点。

■后期处理技术要点

■ Camera Raw 插件的运用

■光影重塑的运用

■降噪的运用

■锐化的运用

Part1 RAW 格式分层生成

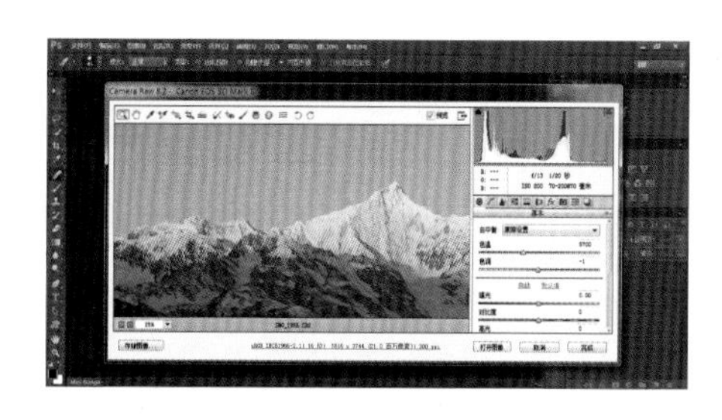

01 打开 Adobe Photoshop CC 软件，将原始 RAW 格式照片直接拖至画布中，Camera Raw 插件会自动打开原始照片，如图所示。

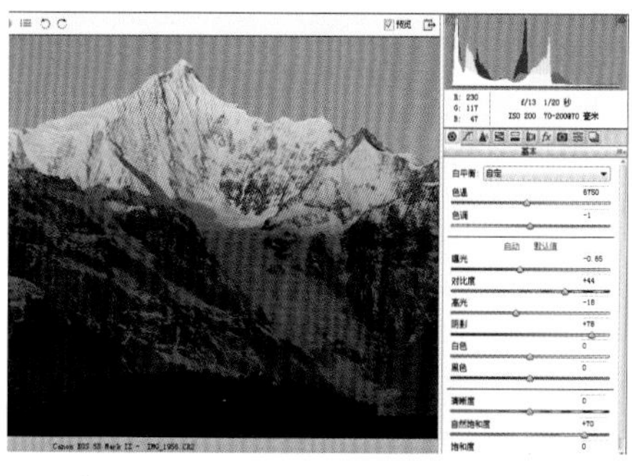

02 按快捷键“F”将 Camera Raw 插件切换到全屏模式，将曝光部分的数值调整为 -0.65，降低照片的整体亮度；将对比度部分的数值调整为 +44，增加照片的对比度；将高光部分的数值调整为 -18，降低照片的高光；将阴影部分的数值调整为 +78，增加图像阴影部分的亮度；将自然饱和度部分的数值增加到 +70，让图像更加鲜艳；将色温部分的数值调整为 6750，色调部分的数值调整为 -1，增加画面的暖色元素。完成后单击图像下方的“打开图像”按钮，则照片会自动转换成 JPG 格式并在 Photoshop 中打开，效果如图所示。

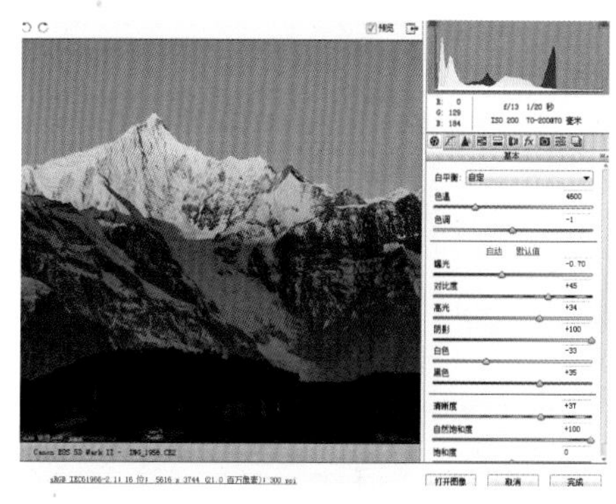

03 再将刚刚打开的原始 RAW 格式照片直接拖至画布中，Camera Raw 插件会再次打开原始照片，将曝光部分的数值调整为 -0.70，降低照片的整体亮度；将对比度部分的数值调整为 +45，增加照片的对比度；将高光部分的数值调整为 +34，将阴影部分的数值调整为 +100，增加图像阴影部分的亮度；将白色部分的数值调整为 -33，黑色部分的数值调整为 +35，清晰度调整为 +37，自然饱和度部分的数值增加到 +100；最后将色温部分的数值调整到 4600，色调部分的数值调整为 -1，增加画面的冷色元素。完成后单击图像下方的“打开图像”按钮，则照片会自动转换成 JPG 格式并在 Photoshop 中打开，效果如图所示。

04 这个时候我们会发现在 Photoshop 中会打开两张照片，一张是暖色调的，一张是冷色调的，选择移动工具，按住 Shift 键将冷色调的照片拖至暖色调照片中，会得到两个图层，一个是“背景”图层，一个是“图层 1”，这是我们在利用分层调整的方式进行操作，效果如图所示。

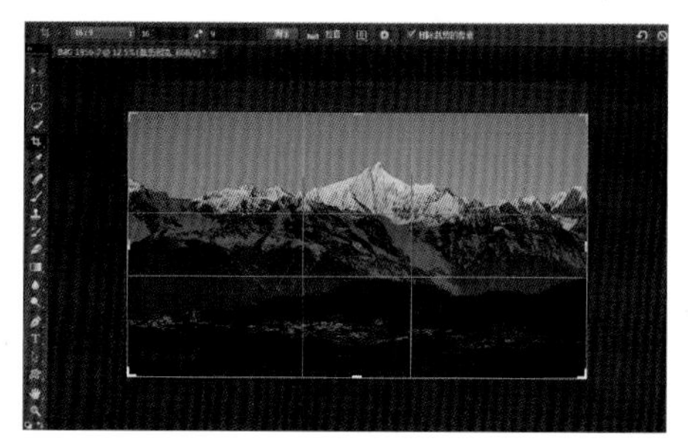

Part2 重新构图

05 在 Photoshop CC 左侧的工具栏中选择裁切工具，按照 16 ： 9 的方式进行构图，裁切的效果如图所示。

06 选中“图层 1”，单击“图层”面板底部的“添加图层蒙版”按钮，得到白色的蒙版，将前景色设置为黑色，背景色设置为白色。选择画笔工具，设置合适的画笔大小，硬度为 0%，不透明度为 50%。然后擦除图像中山峰的部分，使其透出背景图层的山峰暖色调效果，其他部分保持“图层 1”中蓝色调的效果，如图所示。

Part3 光影重塑

07 按快捷键“Ctrl+Shift+Alt+E”盖印图层，得到“图层 2”，如图所示。

08 选择减淡和加深工具，曝光度设置在 10% 左右。然后在照片上需要进行提亮和加深的地方涂抹，进行光影重塑，让照片看起来更加立体，更加具有层次感。减淡和加深的方法也是通用的进行光影关系塑造的方法之一，读者应该掌握好这种方法，其效果如图所示。

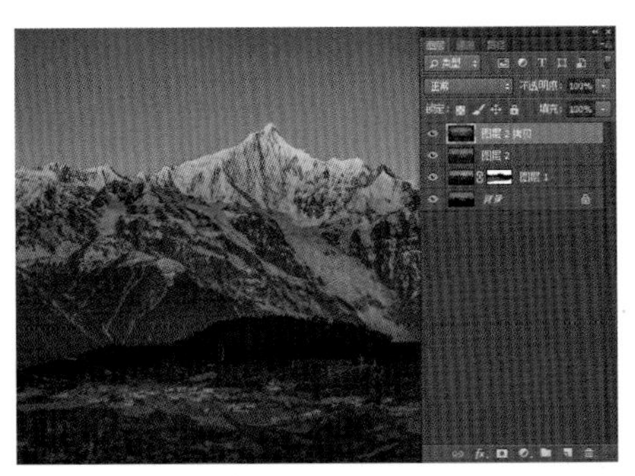

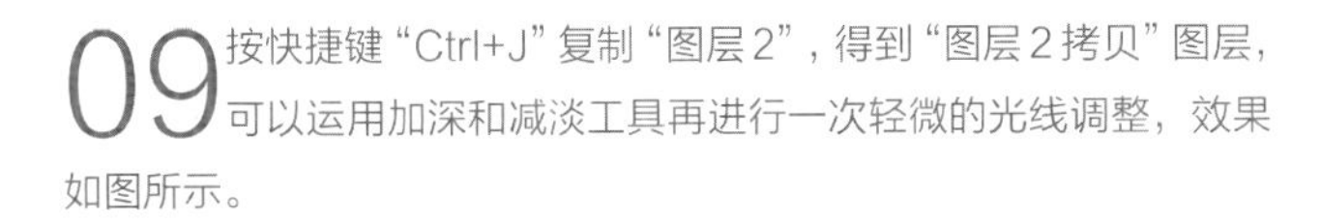

09 按快捷键“Ctrl+J”复制“图层 2”，得到“图层 2 拷贝”图层，可以运用加深和减淡工具再进行一次轻微的光线调整，效果如图所示。

Part4 暗角制作

10 按快捷键“Ctrl+Shift+Alt+E”盖印图层，得到“图层 3”，如图所示。

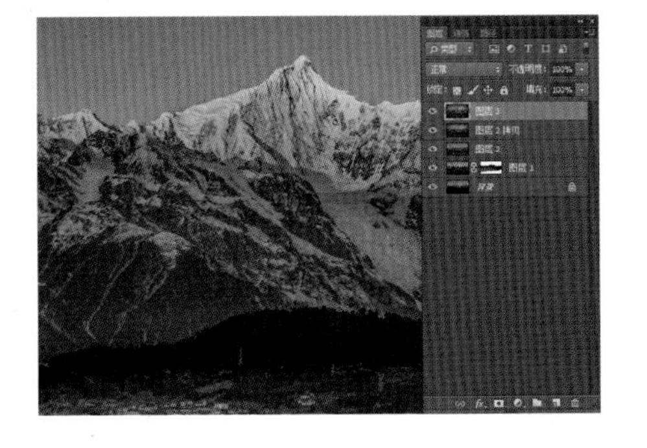

11 执行“滤镜 > 镜头校正”命令，目的是制作出图像四周暗角的效果。

12 开启“镜头校正”对话框，点选窗口右上方的“自定”标签，将晕影数量更改为 -100，即为图像加上了暗角效果，设定完毕后按下“确定”键。

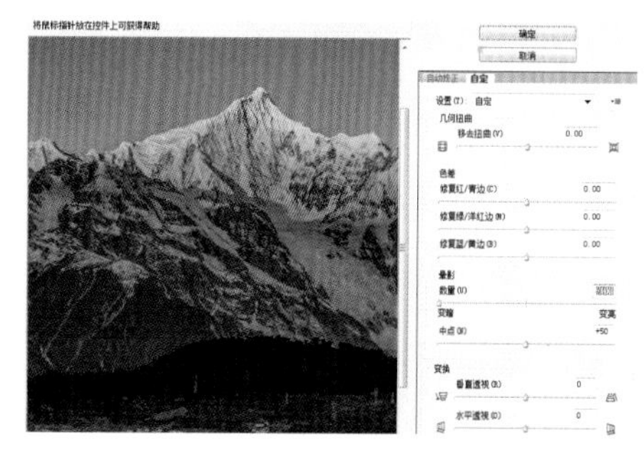

Part5 局部亮度调整

13 执行“图像 > 调整 > 色阶”命令，对图像进行亮度的调整，如图所示。

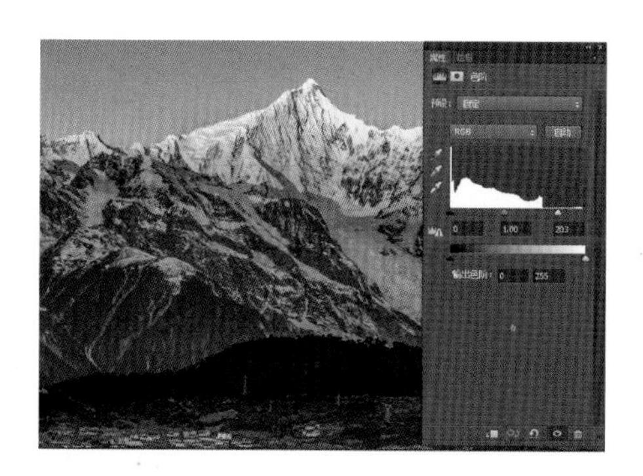

14 打开“色阶”调整对话框，选择亮部区域滑块向中间拖动，可以看到照片会慢慢变亮，参数分别为 0、1.00、203，效果如图所示。

15 选择画笔工具，将不透明度更改为 50%，用黑色画笔擦拭照片中山峰高光的部分，使其不至于太明亮，如图所示。

16 按快捷键“Ctrl+Shift+Alt+E”盖印图层，得到“图层 4”，如图所示。

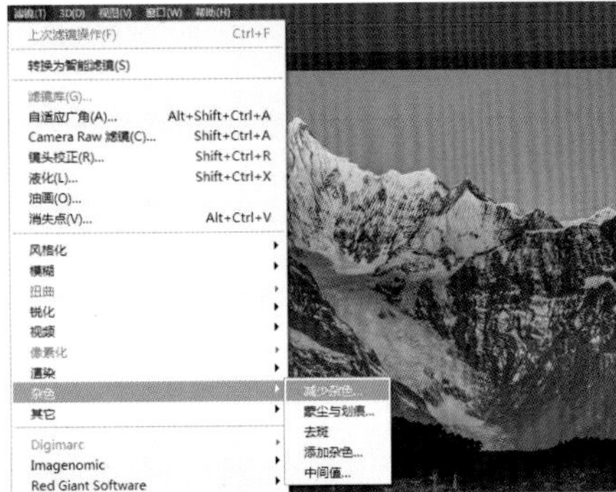

Part6 降噪处理

17 执行“滤镜 > 杂色 > 减少杂色”命令，对照片进行降噪处理，如图所示。

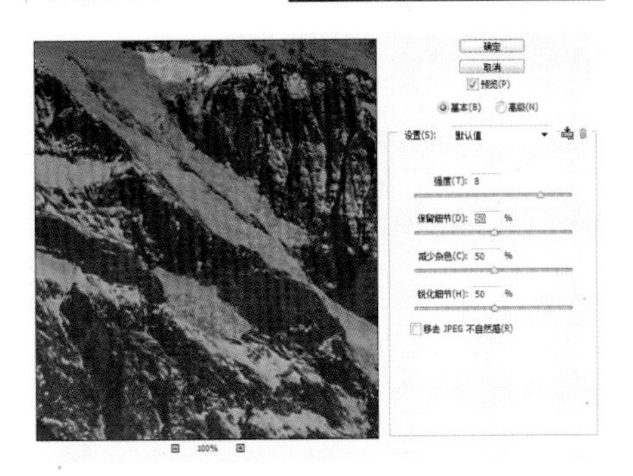

18 打开“减少杂色”调整对话框，将强度更改为 8，保留细节更改为 50%，减少杂色更改为 50%，锐化细节更改为 50%。然后观察降噪的效果，如果感觉不理想，继续将照片放大到 100%，仔细观察调整相对应的参数，如图所示。

Part7 锐化处理

19 按快捷键“Ctrl+J”复制“图层 4”，得到“图层 4 拷贝”图层，并将此图层的混合模式更改为“叠加”，如图所示。

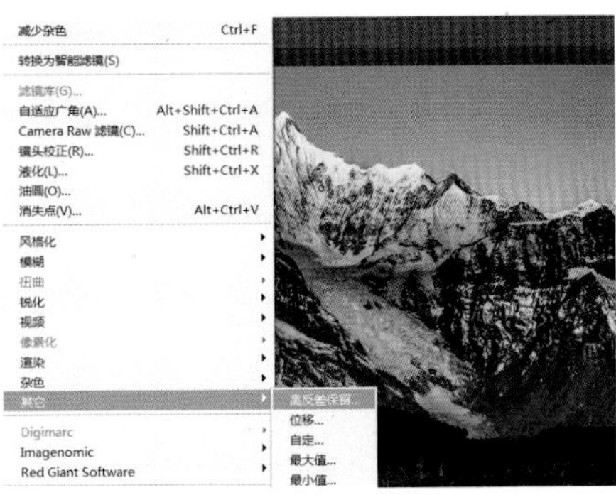

20 执行“滤镜 > 其他 > 高反差保留”命令，目的是做锐化，增加图像的清晰度，如图所示。

21 打开“高反差保留”对话框，将高反差保留半径更改为 1.0 像素，建议数值不宜过大，如图所示。

22 合并所有图层，最终效果如下图。

Chapter5

夜景与建筑摄影修图实战技巧

01 故宫角楼

02 奥运鸟巢

03 威武雄狮

04 华丽都市

05 天坛魅影

01 故宫角楼★★★★

——夜景建筑照片的处理

紫禁城角楼是四面凸字形平面组合的多角建筑，屋顶有三层，上层是纵横交错的歇山顶，由两坡流水的悬山顶与四面坡的庑殿组合而成，因这种屋顶上有九条主要屋脊，所以称作九脊殿。中层采用“勾连搭”的做法，用四面抱厦的歇山顶环拱中心的屋顶，犹如众星拱月。下层檐为一环半坡顶的腰檐，使上两层的5个屋顶形成一个复合式的整体。由于角楼的各部分比例协调，檐角秀丽，造型玲珑别致，成为紫禁城的标志，令人惊奇、赞叹与敬仰。

夜间的紫禁城角楼别有一番味道。这是一张冬季傍晚拍摄的紫禁城角楼照片，原片效果比较不错，曝光兼顾了高光和阴影的和谐，后期我们只需要将阴影处的细节提取出来，使颜色更加丰富，照片整体具有层次感即可。

■后期处理技术要点

- 色阶的运用
- 加深减淡的运用
- 暗角的制作
- 修复画笔工具的运用

Part1 局部亮度对比度处理

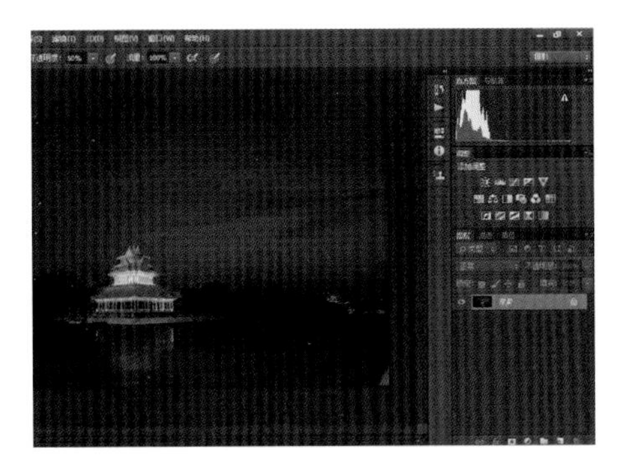

01 打开 Adobe Photoshop CC 软件，执行“文件 > 打开”命令，打开原稿图像，如图所示。

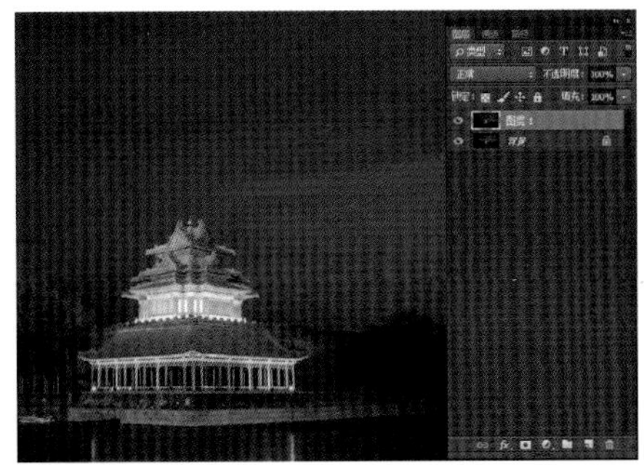

02 按快捷键“Ctrl+J”复制“背景”图层，得到“图层 1”，对原片进行备份，如图所示。

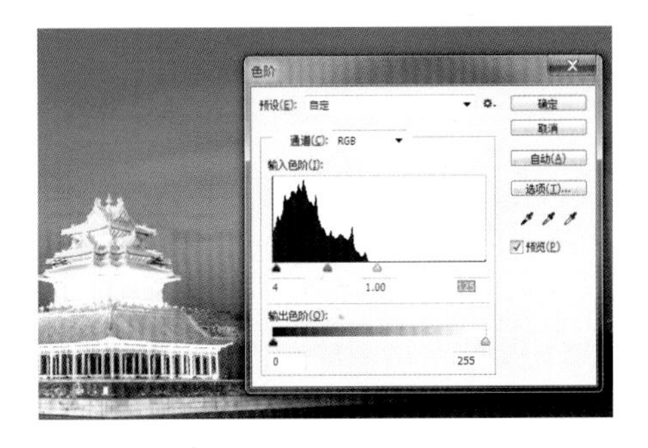

03 按快捷键“Ctrl+L”调出“色阶”命令，选择暗部区域和亮部区域的滑块向中间拖动，增加图像的整体亮度和对比度。此时可以发现，角楼部分过亮了，不用担心，后面我们会加蒙版用画笔擦拭出来，参数分别为 4、1.00、125，效果如图所示。

04 单击“图层”面板底部的“添加图层蒙版”按钮，得到白色的蒙版，将前景色设置为黑色，将背景色设置为白色。选择画笔工具，设置合适的画笔大小，硬度为 0%，不透明度为 50%。然后擦除角楼部分，使其恢复正常的亮度，如图所示。

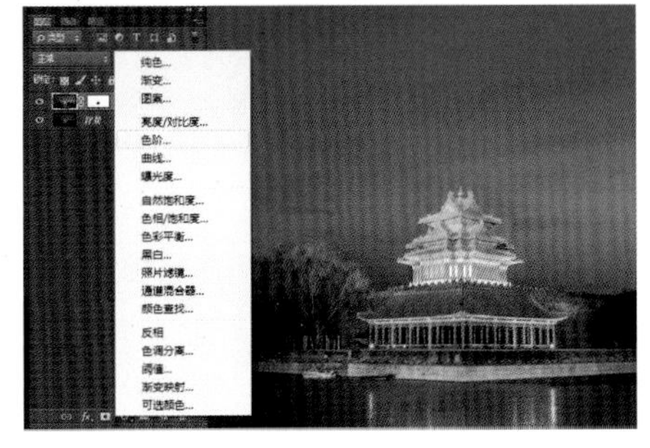

05 单击面板底部的“创建新的填充或调整图层”按钮，在弹出的菜单中选择“色阶”命令，如图所示。

06 打开“色阶”调整对话框，选择暗部区域和亮部区域的滑块向中间拖动，目的是增加照片的对比度和亮度，参数分别为8、1.00、208，效果如图所示。

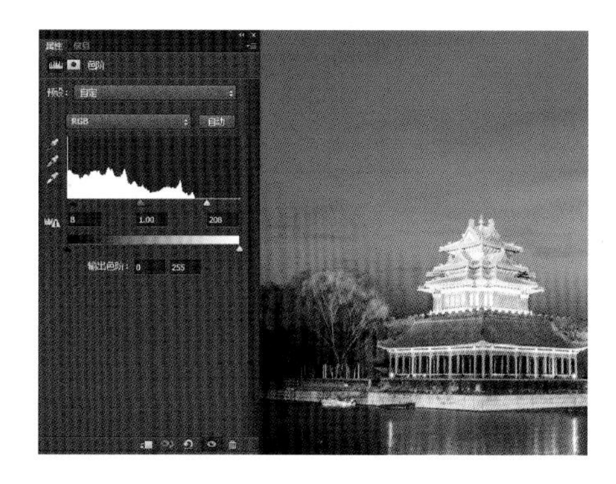

07 在 Photoshop CC 左侧的工具栏中将前景色设置为黑色，背景色设置为白色。选择画笔工具，设置合适的画笔大小，不透明度设置为 50%。然后用黑色画笔擦除照片中角楼的主体部分，让此部分不受上述步骤色阶调整的影响，效果如图所示。

Part2 饱和度处理

08 单击面板底部的“创建新的填充或调整图层”按钮，在弹出的菜单中选择“自然饱和度”命令，如图所示。

09 打开“自然饱和度”调整对话框，将自然饱和度的数值调整为 10，目的是增加照片的饱和度，效果如图所示。

10 按快捷键“Ctrl+Shift+Alt+E”盖印图层，得到“图层 2”，如图所示。

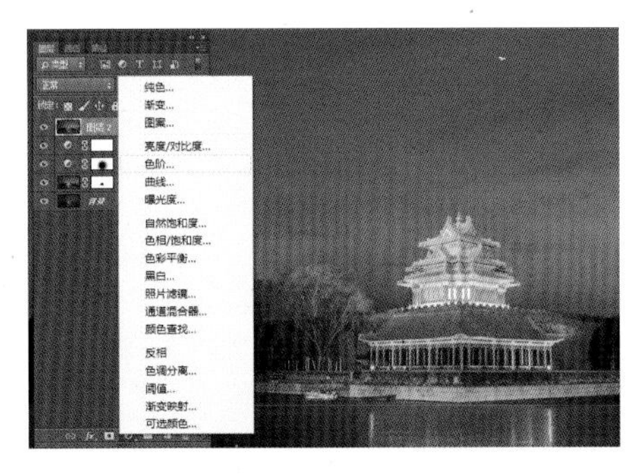

Part3 继续亮度对比度处理

11 继续单击面板底部的“创建新的填充或调整图层”按钮，在弹出的菜单中选择“色阶”命令，如图所示。

12 打开“色阶”调整对话框，选择暗部区域和亮部区域的滑块向中间拖动，目的是继续增加照片的对比度和亮度，参数分别为 7、1.00、181，效果如图所示。

13 在 Photoshop CC 左侧的工具栏中将前景色设置为黑色，背景色设置为白色，选择画笔工具，设置合适的画笔大小，不透明度设置为 50%。然后用黑色画笔擦除照片中角楼主体和下部冰面的部分，让此部分不受上述步骤色阶调整的影响，效果如图所示。

14 按快捷键“Ctrl+Shift+Alt+E”盖印图层，得到“图层 3”，如图所示。

15 按快捷键“Ctrl+J”复制“图层 3”，得到“图层 3 拷贝”图层。接着按快捷键“Ctrl+L”调出“色阶”命令，选择暗部区域滑块向中间拖动，目的是继续增加照片的亮度，参数分别为 0、1.00、184，效果如图所示。

16 继续在 Photoshop CC 左侧的工具栏中将前景色设置为黑色，背景色设置为白色，选择画笔工具，设置合适的画笔大小，不透明度设置为 50%。然后用黑色画笔擦除照片中角楼主体的部分，让此部分不受上述步骤色阶调整的影响，效果如图所示。

17 按快捷键“Ctrl+Shift+Alt+E”盖印图层，得到“图层 4”，如图所示。

18 按快捷键“Ctrl+J”复制“图层 4”，得到“图层 4 拷贝”图层，并将此图层的混合模式更改为“柔光”，不透明度更改为 49%，目的是让照片颜色更深，增加柔化效果。

19 继续单击面板底部的“创建新的填充或调整图层”按钮，在弹出的菜单中选择“色阶”命令，如图所示。

20 打开“色阶”调整对话框，选择暗部区域的滑块向中间拖动，目的是继续增加照片的对比度并降低亮度，参数分别为 29、1.00、255，效果如图所示。

21 继续在 Photoshop CC 左侧的工具栏中将前景色设置为黑色，背景色设置为白色。选择画笔工具，设置合适的画笔大小，不透明度设置为 50%。然后用黑色画笔擦除照片中角楼两边的城墙部分，让此部分不受上述步骤色阶调整的影响，使城墙暗部的细节显示出来，效果如图所示。

Part4 光影重塑

22 按快捷键“Ctrl+Shift+Alt+E”盖印图层，得到“图层 5”，如图所示。

23 选择减淡和加深工具，曝光度设置在 10% 左右。然后在照片上需要加深和减淡的地方涂抹，进行光影的重塑，增加照片的层次感，效果如图所示。

Part5 瑕疵修复

24 按快捷键“J”选择污点修复画笔工具，设置适当的画笔大小，然后在照片中冰面上的杂物上单击，清除照片上的瑕疵，如图所示。

25 按快捷键“Ctrl+J”复制“图层 5”，得到“图层 5 拷贝”图层，如图所示。

Part6 暗角制作

26 执行“滤镜 > 镜头校正”命令，目的是制作出图像四周暗角的效果。

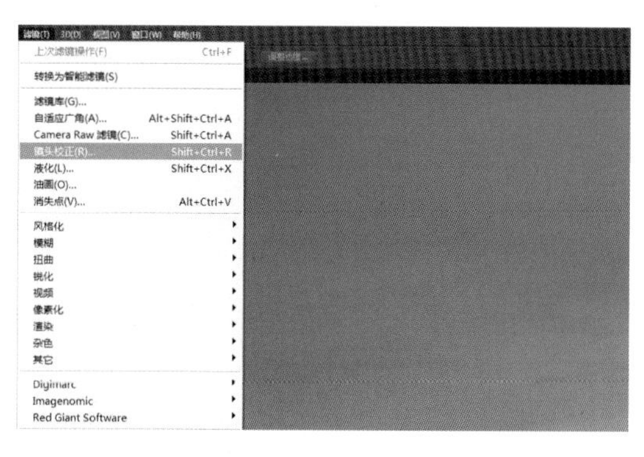

27 开启“镜头校正”对话框，点选窗口右上方的“自定”标签，将晕影数量更改为 -100，即为图像加上了暗角效果，设定完毕后按下“确定”键。

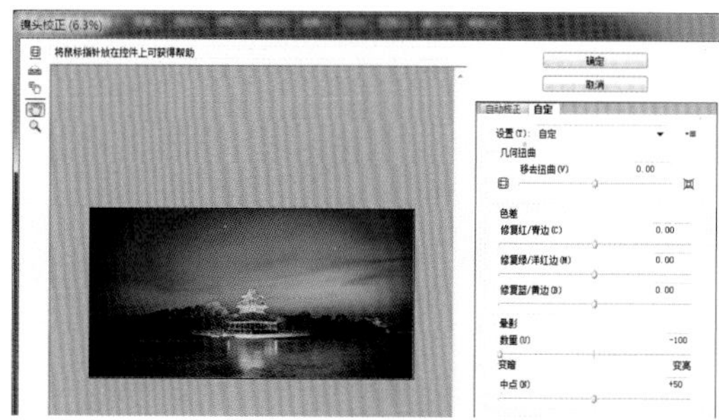

Part7 锐化处理

28 执行“滤镜 > 锐化 > 智能锐化”命令，如图所示。

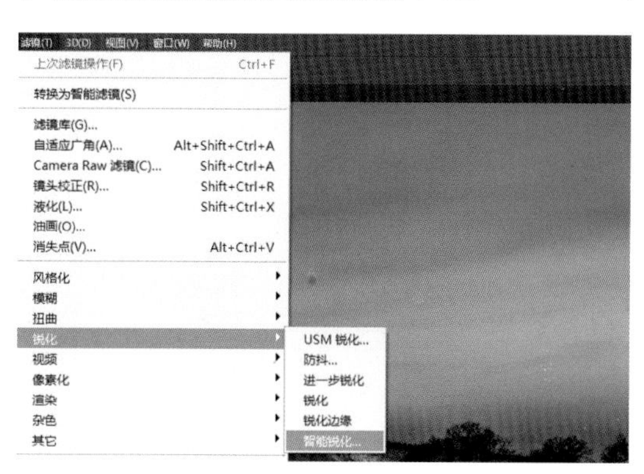

29 将智能锐化的数量更改为 100%，半径更改为 1.0 像素，减少杂色更改为 10%，移去更改为“高斯模糊”，其他参数保持不变，目的是对照片进行锐化处理，如图所示。

30 合并所有图层，最终效果如下图。

02 奥运鸟巢★★★★

——都市夜景照片的处理

奥运鸟巢是中国国家体育场的设计方案。鸟巢主体由一系列辐射式门式钢桁架围绕碗状座席区旋转而成，空间结构科学，建筑结构完整统一，设计新颖独特，为国内外特有建筑。

这样一座知名建筑也成了摄影人去北京必拍的建筑之一。拍摄的时候为了保持景深，建议采用小光圈和三脚架，后期主要调整照片阴影和高光的和谐、曝光的准确、色彩的完美和照片的层次感。

■后期处理技术要点

■裁切的运用

■加深和减淡的运用

■ Camera Raw 插件的运用

■修复画笔工具的运用

Part1 RAW 格式初步调整

01 打开 Adobe Photoshop CC 软件，将原始 RAW 格式照片直接拖至画布中，Camera Raw 插件会自动打开原始照片，如图所示。

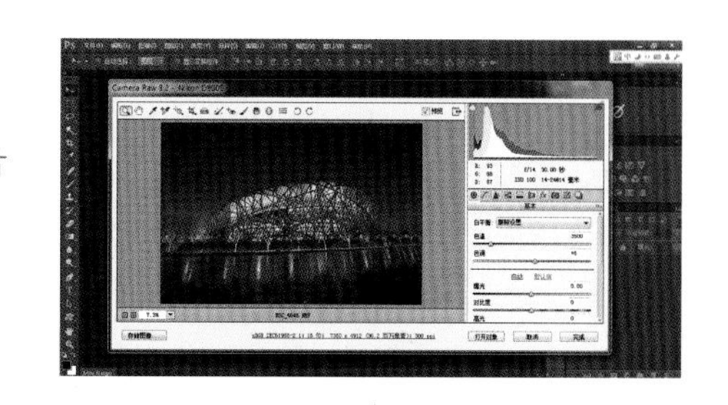

02 按快捷键“F”将 Camera Raw 插件切换到全屏模式，并将直方图上方的“高光修剪警告”和“阴影修剪警告”都打开。首先调整照片的亮度，将曝光调整为 -0.15，降低照片的整体亮度；对比度追加到 +50，增加照片的对比度；高光降低为 -10，阴影增加到 +100，让照片高光和阴影的细节更加丰富。然后观察图像，如果发现曝光不足，读者还可以自行微调，效果如图所示。

03 现在开始调整第二部分，将清晰度增加到 +30，大家都喜欢比较清晰的图像，但是同时要注意一点，增加清晰度后噪点会明显增加，所以数值不宜过大。然后再调整自然饱和度，将其增加到 60，让图像更加鲜艳，亮度也有所增加，如图所示。

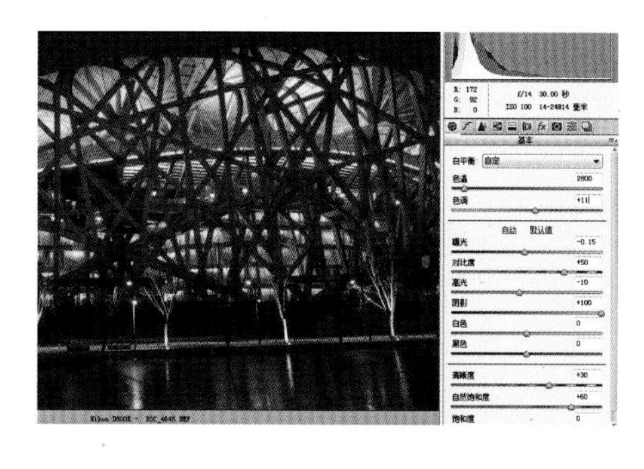

04 接着调整第三部分，将色温调整为 2800，色调调整为 +11，目的是确认片子的整体色调，效果如图所示。

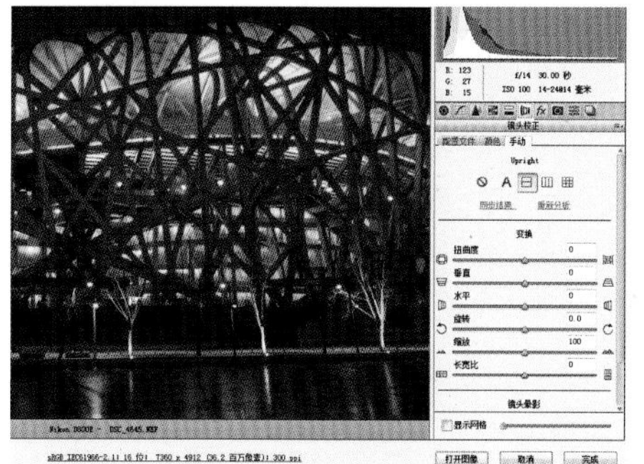

05 接着在“镜头校正”选项卡下调整。选择“手动”下的“水平：仅应用水平校正”选项，将照片整体进行水平校正。等全部调整结束后，单击图像下方的“打开图像”按钮，则照片会自动转换成 JPG 格式并在 Photoshop 中打开。

Part2 重新构图

06 在 Photoshop CC 左侧的工具栏中选择裁切工具，然后单击状态栏上的“预设”，选择 16 ：9 的方式对照片进行重新构图，裁剪效果如图所示。

Part3 亮度对比度调整

07 单击面板底部的“创建新的填充或调整图层”按钮，在弹出的菜单中选择“色阶”命令，如图所示。

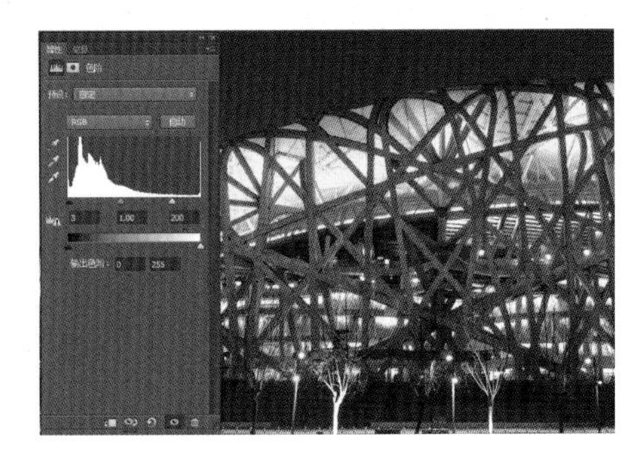

08 打开“色阶”调整对话框，选择暗部区域和亮部区域的滑块向中间拖动，目的是增加照片的对比度，参数分别为 3、1.00、200，效果如图所示。

09 单击面板底部的“创建新的填充或调整图层”按钮，在弹出的菜单中选择“曲线”命令，如图所示。

10 打开“曲线”调整对话框，把鼠标指针移动到曲线上相应的部分，按住鼠标左键向上方缓缓移动，可以看到照片渐渐变亮，同时颜色的饱和度也会有所增加。此例中，输入值设置为 123，输出值设置为 132，如图所示。

Part4 瑕疵修复

11 按快捷键“Ctrl+Shift+Alt+E”盖印图层，得到“图层 1”，如图所示。

12 按快捷键“J”选择污点修复画笔工具，设置适当的画笔大小，修除照片背景的瑕疵，但注意画笔一定要根据图像的需要来设置，颗粒越大，直径也要越大，硬度却不宜过大，如图所示。

Part5 光影重塑

13 选择减淡和加深工具，曝光度设置在 10% 左右，然后在照片上涂抹，进行光影的重塑，目的是增强照片的层次感，效果如图所示。

14 按快捷键“Ctrl+J”复制“图层 1”，得到“图层 1 拷贝”图层，并将此图层的混合模式更改为“柔光”，不透明度更改为 20%，目的是增加图像的柔化和鲜艳程度，如图所示。

Part6 锐化效果

15 按快捷键“Ctrl+Shift+Alt+E”盖印图层，得到“图层 2”，如图所示。

16 按快捷键“Ctrl+J”复制“图层 2”，得到“图层 2 拷贝”图层，并将此图层的混合模式更改为“柔光”，目的是为最后的锐化操作做准备，如图所示。

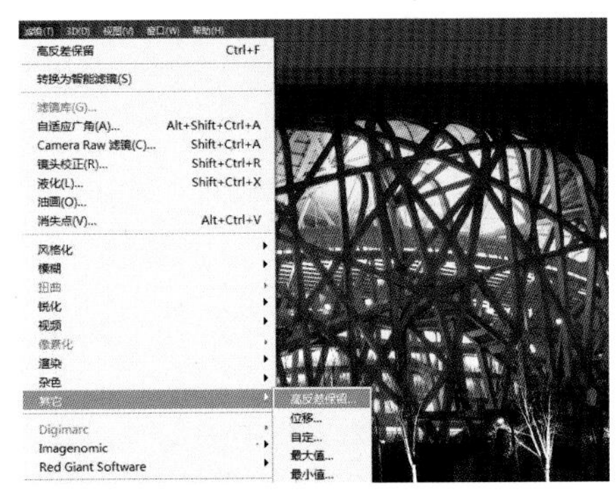

17 执行“滤镜 > 其他 > 高反差保留”命令，目的是做锐化，提高图像的清晰度，如图所示。

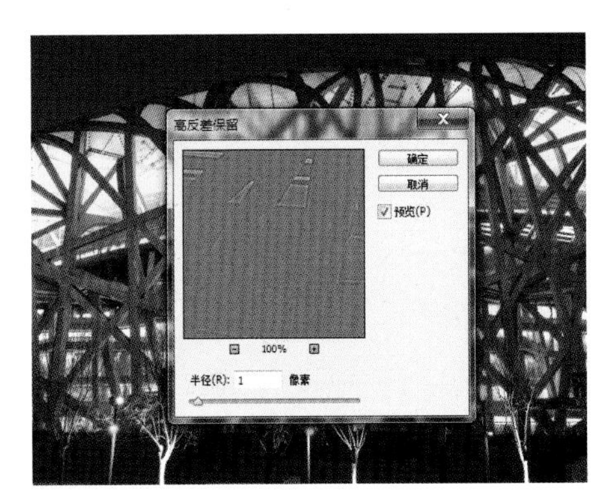

18 打开“高反差保留”对话框，将高反差保留半径更改为 1 像素，数值不宜过大，如图所示。

19 合并所有图层，最终效果如下图。

03 威武雄狮★★★★

——古代建筑照片的处理

古建筑也是我们经常拍摄的一个题材，拍摄古建筑要选择好角度、位置和距离。这张照片选用了广角、近距离仰拍的方式，以体现前面狮子的高大。后期处理的时候用照片滤镜追加了仿古金黄的色调，并加入了光晕，以突出古代建筑的风格。

■后期处理技术要点

■照片滤镜的运用

■曲线的运用

■光晕的运用

■暗角的运用

Part1 RAW 格式初步调整

01 打开 Adobe Photoshop CC 软件，将原始 RAW 格式照片直接拖至画布中，Camera Raw 插件会自动打开原始照片，如图所示。

02 首先在“基本”选项卡下调整，将曝光部分的数值调整为 +0.20，目的是追加照片的整体亮度；再将对比度部分的数值调整为 +33，目的是增加照片的对比度；高光部分的数值调整为 +18，阴影部分的数值调整为 +42，目的是调整高光和阴影的细节；清晰度部分的数值增加到 +10，自然饱和度部分的数值增加到 +57，目的是让照片更加清晰和艳丽；最后将色温部分的数值调整到 5150，色调部分的数值调整为 +6，效果如图所示。

03 接着在“镜头校正”选项卡下调整，选择“手动”下的“水平：仅应用水平校正”选项，将照片整体进行水平校正。调整结束后，单击图像下方的“打开图像”按钮，则照片会自动转换成 JPG 格式并在 Photoshop 中打开，效果如图所示。

Part2 色调处理

04 单击面板底部的“创建新的填充或调整图层”按钮，在弹出的菜单中选择“照片滤镜”命令，如图所示。

05 打开“照片滤镜”对话框，将滤镜预设选择为“加温滤镜(85)”，浓度更改为 100%，可以看到画面发生了很大的变化，颜色也变成了暖色调的效果，如图所示。

06 单击面板底部的“创建新的填充或调整图层”按钮，在弹出的菜单中选择“可选颜色”命令，该命令主要用于对照片中指定的颜色值进行调整，是颜色调整不可或缺的工具之一。

07 打开“可选颜色”调整对话框，本例先对照片中红色的部分进行色彩调整，将鼠标指针移动到青色选择区域的中间部分，按住鼠标左键，向左拖动三角滑块，将青色部分的数值调整为 -20%，对照片中的红色部分追加一点红色；洋红部分的数值调整为 -5%，对照片中的红色部分追加一点绿色；黄色部分的数值调整为 +80%，对照片中的红色部分追加一点黄色，如图所示。

08 继续对照片中黄色的部分进行色彩调整，将鼠标指针移动到青色选择区域的中间部分，按住鼠标左键，向右拖动三角滑块，将青色部分的数值调整为 +10%，对照片中的黄色部分追加一点青色；黄色部分的数值调整为 +45%，对照片中的黄色部分继续追加一点黄色，让照片更加偏暖色，如图所示。

09 单击面板底部的“创建新的填充或调整图层”按钮，在弹出的菜单中选择“亮度 / 对比度”命令，如图所示。

10 将鼠标移动到“亮度”选择区域的中间部分，按住鼠标左键，向左拖动三角滑块，将亮度的数值调整为 -2，继续将对比度的数值调整为 30，增加图像明暗之间的对比度。

Part3 光晕效果

11 单击面板底部的“新建图层”按钮，得到“图层 1”，将前景色设置为黑色，并进行填充，效果如图所示。

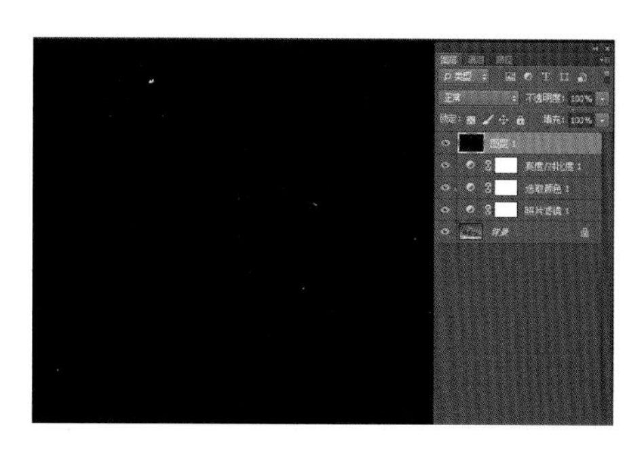

12 执行“滤镜 >Red Giant Software>Knoll Light Factory”命令，目的是为照片增加光晕效果，如图所示。

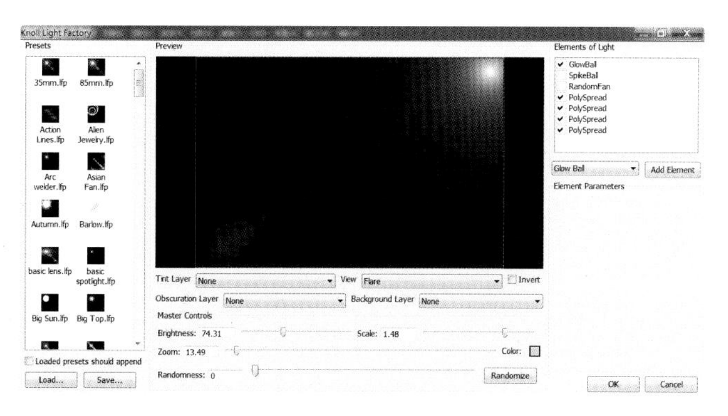

13 打开“Knoll Light Factory”对话框，在左边的预设下选择一种光晕效果。这里没有具体的规定，读者可以根据自己的喜好来选择预设的光晕，这里选择的效果如图所示。

14 将“图层 1”的混合模式更改为“滤色”，屏蔽黑色，光晕的最终显示效果如图所示。

Part4 局部亮度处理

15 单击面板底部的“创建新的填充或调整图层”按钮，在弹出的菜单中选择“曲线”命令，如图所示。

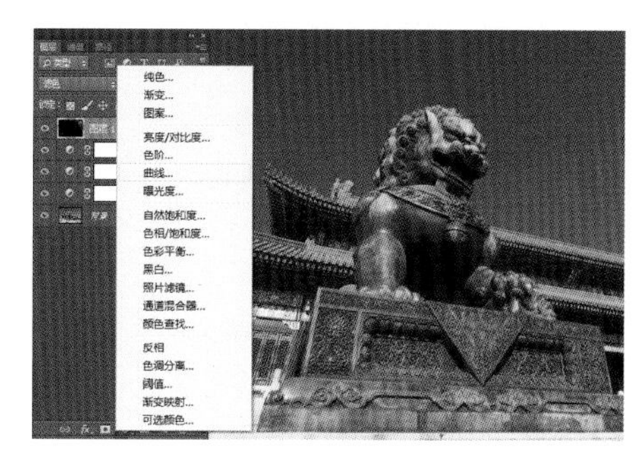

16 打开“曲线”调整对话框，把鼠标指针移动到曲线上相应的部分，按住鼠标左键向下方缓缓移动，可以看到照片渐渐变暗，同时颜色的饱和度也会有所降低，如图所示。

17 在 Photoshop CC 左侧的工具栏中将前景色设置为黑色，背景色设置为白色，选择画笔工具，设置合适的画笔大小，不透明度设置为 80%，然后在照片中擦除不需要压暗的部分。这个步骤主要是压暗照片中狮子底座的下半部分，让整体画面亮度协调，如图所示。

Part5 去除杂物

18 按快捷键“Ctrl+Shift+Alt+E”盖印图层，得到“图层 2”，如图所示。

19 按快捷键“J”选择污点修复画笔工具，设置适当的画笔大小，然后修除照片中的脏点，修饰效果如图所示。

Part6 暗角处理

20 执行“滤镜 > 镜头校正”命令，目的是制作出图像四周暗角的效果。

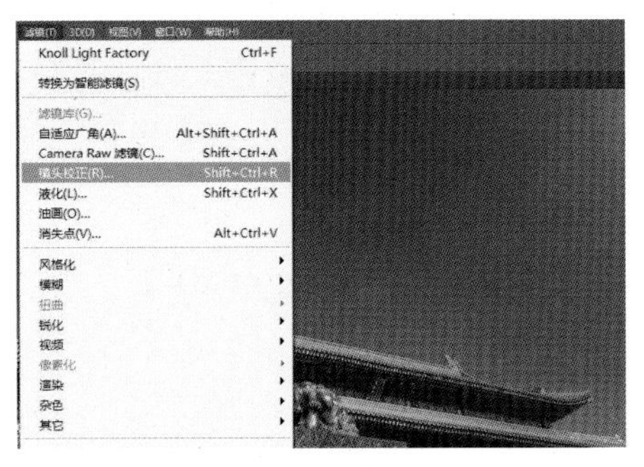

21 开启“镜头校正”对话框，点选窗口右上方的“自定”标签，将晕影数量更改为 -100，即为图像加上了暗角效果，设定完毕后按下“确定”键。

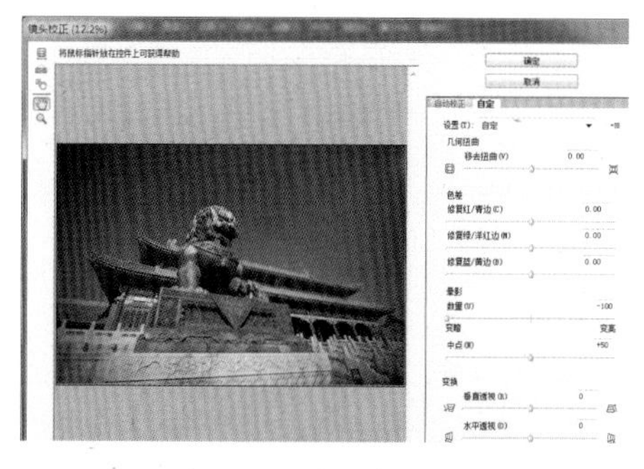

Part7 锐化处理

22 按快捷键“Ctrl+J”复制“图层 2”，得到“图层 2 拷贝”图层，并将此图层的混合模式更改为“柔光”，目的是屏蔽灰色，为最后的锐化操作做准备，如图所示。

23 执行“滤镜 > 其他 > 高反差保留”命令，目的是做锐化，提高图像的清晰度，如图所示。

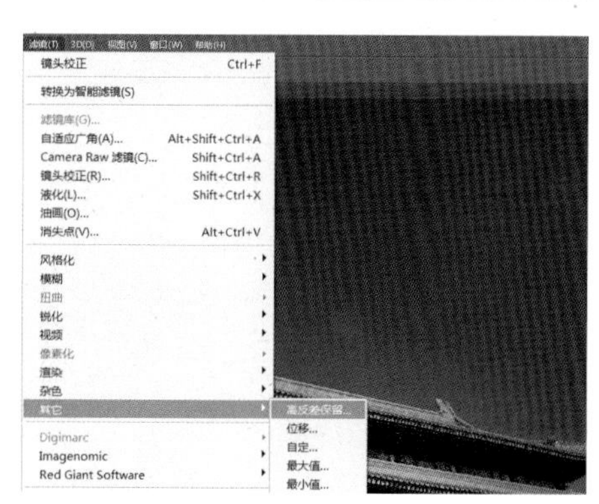

24 打开“高反差保留”对话框，将高反差保留半径更改为 1.0 像素，如图所示。

25 合并所有图层，最终效果如图。

太和門

04 华丽都市★★★★

——现代建筑照片的处理

现代建筑照片后期处理的时候要体现出时代感、豪华感，所以这个案例主要利用 Camera Raw 插件增加图像的饱和度和整体亮度。调整此类照片一般利用这个插件便可以完成，然后在 Photoshop CC 中修除照片中的杂点并做锐化处理。

■后期处理技术要点

■ Camera Raw 插件的运用

■修复瑕疵的处理

■锐化的运用

Part1 RAW 格式细致调整

01 打开 Adobe Photoshop CC 软件，将原始 RAW 格式照片直接拖至画布中，Camera Raw 插件会自动打开原始照片，如图所示。

02 按快捷键“F”将 Camera Raw 插件切换到全屏模式，将直方图上方的“高光修剪警告”和“阴影修剪警告”都打开。首先调整图像的亮度，将曝光增加到 +0.90，对比度增加到 +20，高光降低为 -100，阴影增加到 +100。然后观察图像，如果发现曝光不足，还可以再调整。每位读者的显示器不同，显示会有所差别，大家可以自行微调，效果如图所示。

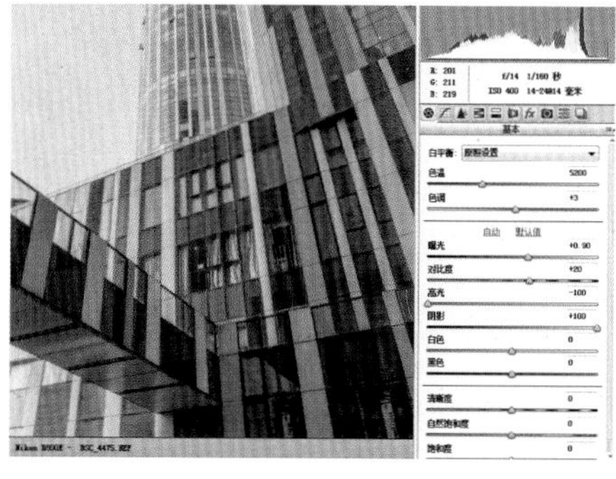

03 现在开始调整第二部分，将清晰度增加到 +10。然后再调整自然饱和度，将其增加到 +100，让图像更加鲜艳，亮度也有所增加，如图所示。

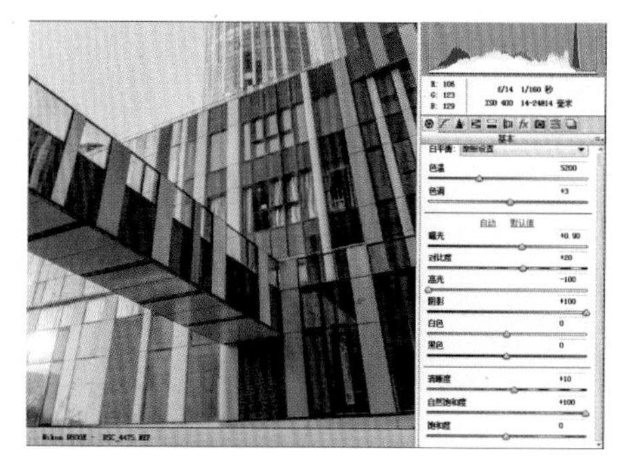

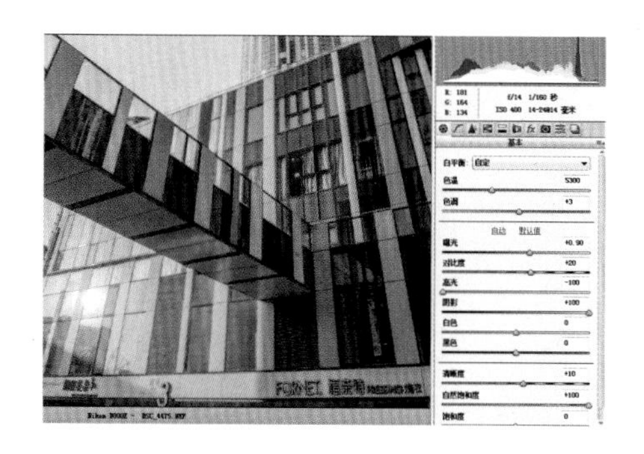

04 现在开始调整第三部分，将色温调整为 5300，色调调整为 +3，让这张照片偏向于暖色调，效果如图所示。

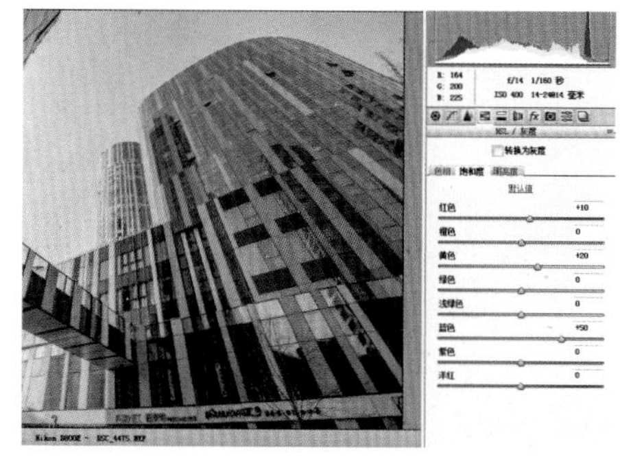

05 现在开始调整第四部分，在“HSL/ 灰度”选项卡下调整，将饱和度中红色部分的数值增加到 +10，黄色部分的数值增加到 +20，蓝色部分的数值增加到 +50，如此增加了照片中这三种颜色的饱和度，可以使图像变得更加鲜艳，效果如图所示。

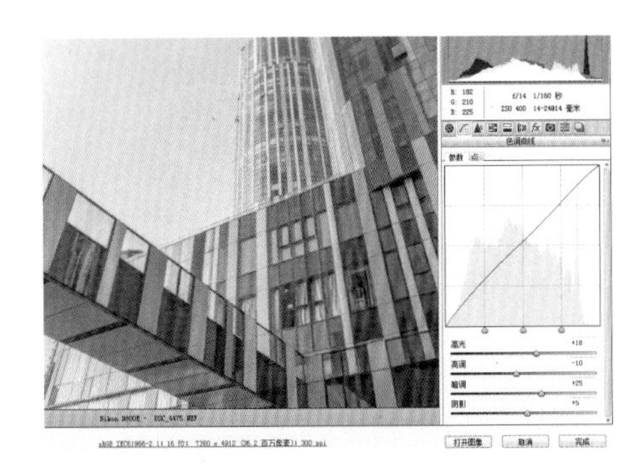

06 现在开始调整第五部分，在“色调曲线”选项卡下调整，将高光增加到 +18，亮调降低为 −10，暗调增加到 +25，阴影增加到 +5，目的是增加画面的对比度和亮度，效果如图所示。

Part2 修复瑕疵

07 按快捷键“J”选择污点修复画笔工具，设置适当的画笔大小，然后在照片左上角的杂点上单击，清除照片中的瑕疵，效果如图所示。

Part3 锐化处理

08 按快捷键“Ctrl+J”复制“背景”图层，得到“图层 1”，如图所示。

高反差保留 Ctrl+F
转换为智能滤镜(S)
滤镜库(G)...
自适应广角(A)... Alt+Shift+Ctrl+A
Camera Raw 滤镜(C)... Shift+Ctrl+A
镜头校正(R)... Shift+Ctrl+R
液化(L)... Shift+Ctrl+X
油画(O)...
消失点(V)... Alt+Ctrl+V
风格化
模糊
扭曲
锐化
视频
像素化
渲染
杂色
其它
Digimarc
Imagenomic
Red Giant Software
高反差保留...
位移...
自定...
最大值...
最小值...

09 执行“滤镜 > 其他 > 高反差保留”命令，目的是做锐化，提高图像的清晰度，如图所示。

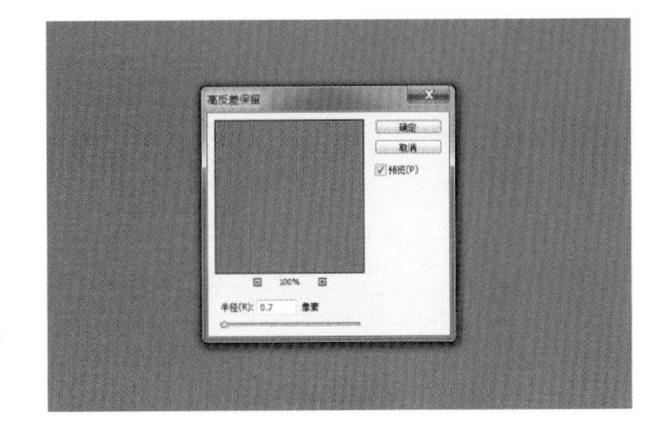

10 打开“高反差保留”对话框，将高反差保留半径更改为 0.7 像素，如图所示。

11 将“图层 1”的混合模式更改为“柔光”，不透明度更改为100%，屏蔽灰色，达到锐化的目的，效果如图所示。

12 如果感觉锐化的效果不是很明显，还可以将图层再复制一次，增加锐化的力度，如图所示。

13 合并所有图层，最终效果如下图。

05 天坛魅影★★★
——建筑艺术照片的处理

简约一直是我们追求的一种风格。这张照片在拍摄时运用了剪影的手法。在后期处理上主要是运用魔术棒将天坛主体抠取出来，然后再利用渐变工具完成背景的制作，最后再追加一点艺术效果。

■后期处理技术要点

- ■魔术棒的运用
- ■渐变的运用
- ■ Camera Raw 插件的运用
- ■合成的运用

Part1 剪影效果处理

01 打开 Adobe Photoshop CC 软件，将原始 RAW 格式照片直接拖至画布中，Camera Raw 插件会自动打开原始照片，如图所示。

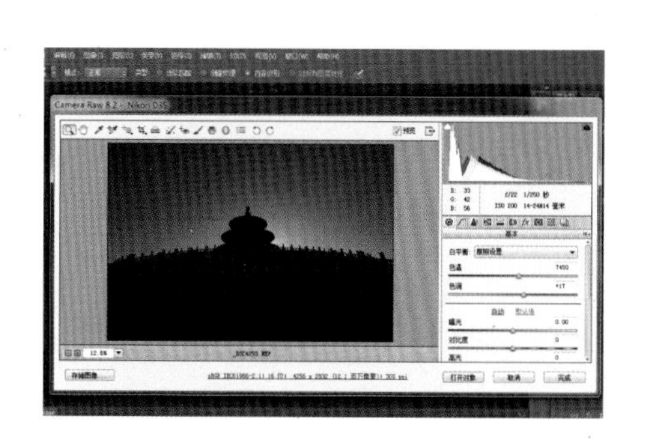

02 按快捷键“F”将 Camera Raw 插件切换到全屏模式，首先在“基本”选项卡下调整，将曝光部分的数值调整为 -1.15，降低照片的整体亮度，再将对比度部分的数值调整为 +53，高光部分的数值调整为 +54，阴影部分的数值调整为 -100，清晰度部分的数值增加到 +10，自然饱和度部分的数值增加到 +100，色温部分的数值调整到 50000，色调部分的数值调整为 +19，目的是让照片整体呈现出剪影和暖色调的效果，如图所示。

03 接着在“镜头校正”选项卡下调整，选择“手动”下的“水平：仅应用水平校正”选项，将照片整体进行水平校正，最后单击图像下方的“打开图像”按钮，则照片会自动转换成 JPG 格式并在 Photoshop 中打开，效果如图所示。

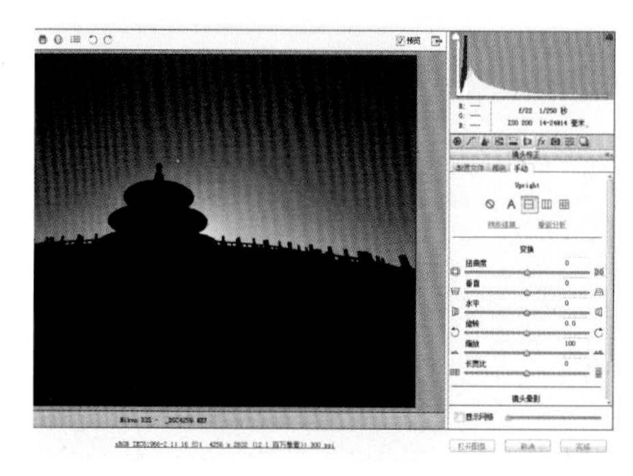

Part2 后期合成

04 在 Photoshop CC 左侧的工具栏中选择魔术棒工具，容差为 32，其他参数保持不变。然后在照片中的黑色部分上单击，使黑色部分被选中，这时候我们会看到天坛的一个选区，如图所示。

05 按快捷键“Ctrl+J”复制黑色选区的内容到新的图层，得到“图层 1”，如图所示。

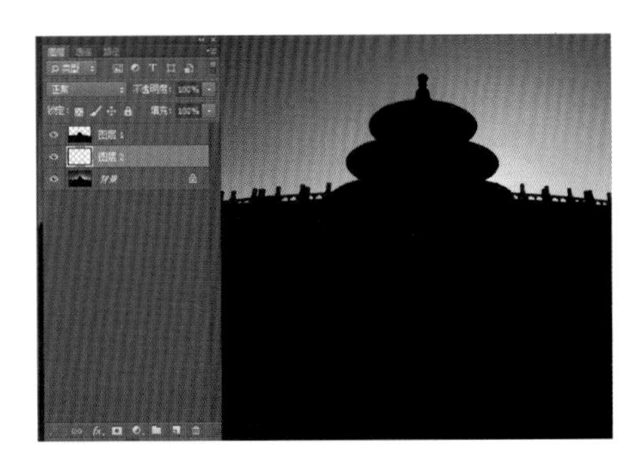

06 单击面板底部的“新建图层”按钮，得到“图层 2”，并将“图层 2”调整至“图层 1”的下方。注意如果想建立新的图层也可以使用快捷键“Ctrl+Shift+N”建立，并且可以修改相应的参数，如图所示。

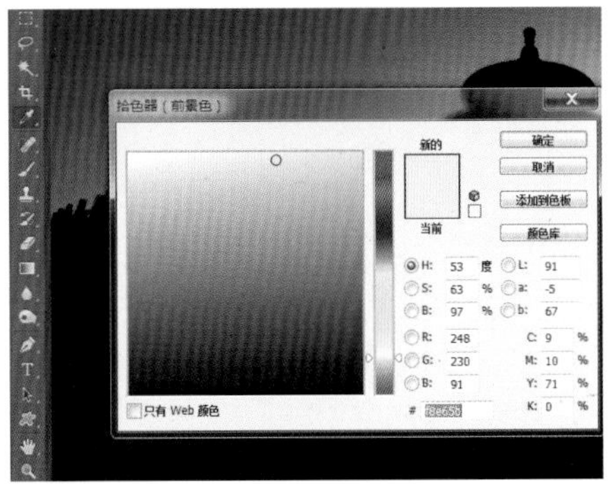

07 单击前景色，打开“拾色器”对话框，将颜色设置为浅黄色（RGB：248、230、91），或者直接输入数值“#f8e65b”，如图所示。

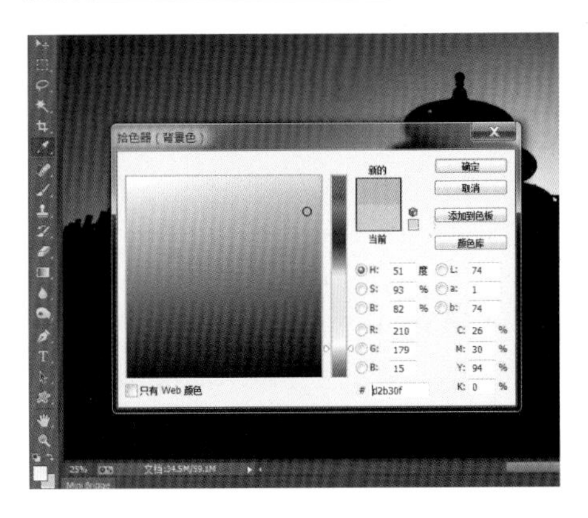

08 单击背景色，打开“拾色器”对话框，将颜色设置为深黄色（RGB：210、179、15），或者直接输入数值“#d2b30f”，如图所示。

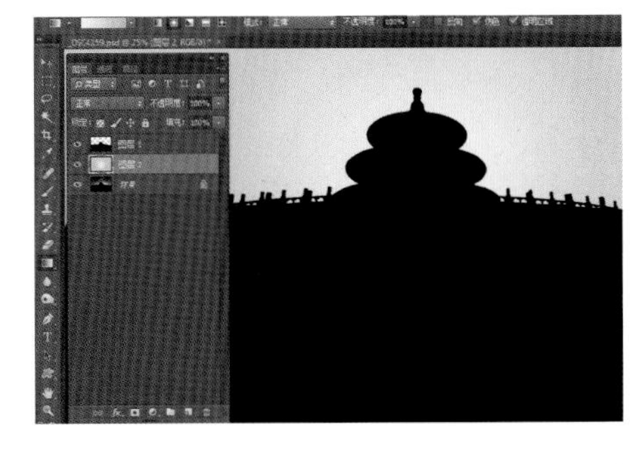

09 选择渐变工具，单击渐变编辑器，选择从前景色向背景色过渡，编辑渐变类型为“径向渐变”，模式为“正常”，不透明度为 100%。在图像上自中心向四周拖拽出设置好的渐变颜色，如图所示。

10 单击面板底部的“新建图层”按钮，得到“图层 3”，并将“图层 3”调整至“图层 1”的下方，如图所示。

11 继续选择渐变工具，单击渐变编辑器，选择从前景色向透明色过渡，编辑渐变类型为“径向渐变”，模式为“正常”，不透明度为100%。在图像上自中心向周围拖出一条线，进行渐变填充，目的是让天坛主体的后方发出一点亮光效果，效果如图所示。

12 合并所有图层，最终效果如下图。

Chapter6
植物与生态摄影修图实战技巧

01 亭亭玉立

02 一枝独秀

03 韵律之美

04 鹤骨松筋

05 蜻蜓展翅

01 亭亭玉立★★★

——荷花照片的处理

原片是我们平常拍摄的一张普通荷花照片，没有任何艺术效果，很平淡。但后期我们运用了Camera Raw插件和可选颜色工具进行了色调的处理，使照片具有了艺术化效果。最后又加入了具有中式风格的边框，使画面更加具有了唯美的效果。

■后期处理技术要点

■ Camera Raw 插件的运用

■可选颜色命令的运用

■椭圆选框工具的运用

Part1 RAW 格式初步调整

01 打开 Adobe Photoshop CC 软件，将原始 RAW 格式照片直接拖至画布中，Camera Raw 插件会自动打开原始照片，如图所示。

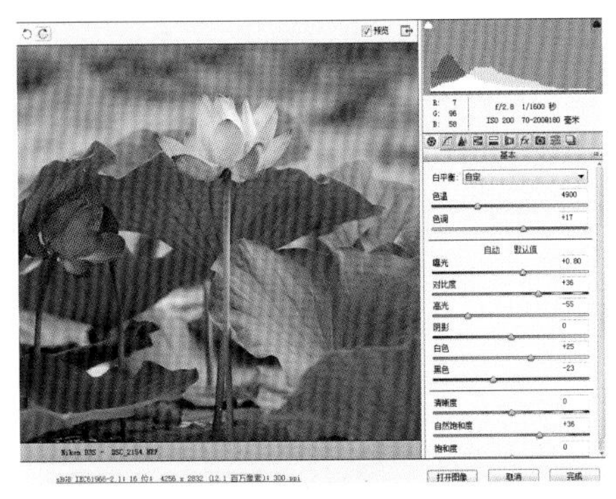

02 按快捷键“F”将 Camera Raw 插件切换到全屏模式，主要在“基本”选项卡下调整，先将鼠标指针移动到曝光参数的中间部分，按住鼠标左键，向右拖动三角滑块，将曝光部分的数值调整为 +0.80，这样能使照片整体被提亮。再将对比度部分的数值调整为 +36，高光部分的数值调整为 −55，白色部分的数值调整为 +25，黑色部分的数值调整为 −23。然后观察照片，如果发现曝光还不准确，可以再适当调整。接着将自然饱和度部分的数值增加到 +36，让照片更加鲜艳。最后将色温部分的数值调整到 4900，色调部分的数值调整为 +17，增加画面的暖色元素。等全部调整结束后，单击照片下方的“打开图像”按钮，则照片会自动转换成 JPG 格式并在 Photoshop 中打开，效果如图所示。

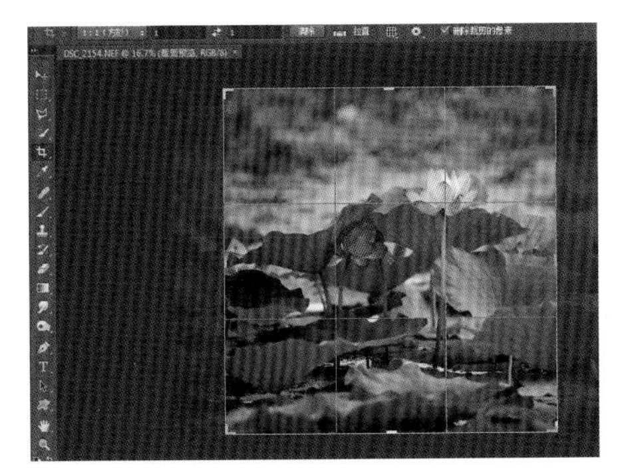

Part2 重新构图

03 在 Photoshop CC 左侧的工具栏中选择裁切工具，然后在状态栏上选择“1:1(方形)”。

Part3 色调处理

04 单击面板底部的“创建新的填充或调整图层”按钮，在弹出的菜单中选择“可选颜色”命令。该命令主要用于对照片中指定的颜色值进行调整，是颜色调整不可或缺的工具之一。

05 打开“可选颜色”调整对话框，本例先对照片中红色的部分进行色彩调整，将鼠标指针移动到青色选择区域的中间部分，按住鼠标左键，向左拖动三角滑块，将青色部分的数值调整为 −100%；洋红部分的数值调整为 45%，对照片中的红色部分追加一点洋红；黄色部分的数值调整为 −50%，对照片中的红色部分追加一点蓝色，效果如图所示。

06 继续对照片中黄色的部分进行色彩调整，将鼠标指针移动到青色选择区域的中间部分，按住鼠标左键，向右拖动三角滑块，将青色部分的数值调整为 100%，这样能对照片中的黄色部分追加一些青色；洋红部分的数值调整为 -25%，对照片中的黄色部分降低一些洋红；黄色部分的数值调整为 -100%，对照片中的黄色部分继续追加一些蓝色；黑色部分的数值调整为 20%，使照片偏向于冷色调，如图所示。

07 再对照片中绿色的部分进行色彩调整，将鼠标指针移动到青色选择区域的中间部分，按住鼠标左键，向右拖动三角滑块，将青色部分的数值调整为+100%，对照片中的绿色部分追加一些青色；洋红部分的数值调整为 +100%，对照片中的绿色部分追加一些洋红；黄色部分的数值调整为 -100%，对照片中的绿色部分追加一些蓝色，如图所示。

08 再对照片中白色的部分进行色彩调整，将鼠标指针移动到青色选择区域的中间部分，按住鼠标左键，向右拖动三角滑块，将青色部分的数值调整为+100%，对照片中的白色部分追加一些青色，其他参数保持不变，如图所示。

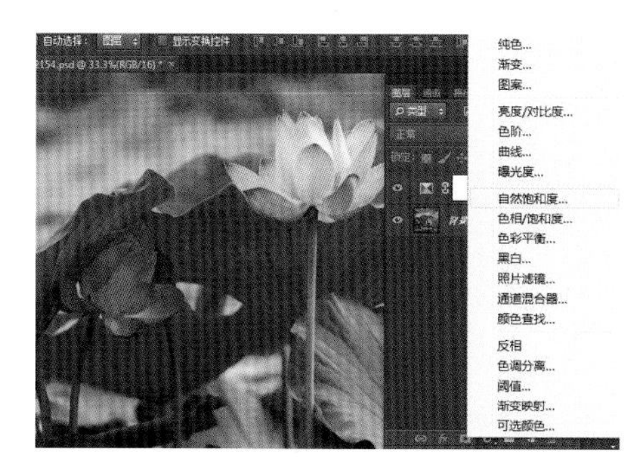

09 单击面板底部的“创建新的填充或调整图层”按钮，在弹出的菜单中选择“自然饱和度”命令，如图所示。

10 打开“自然饱和度”调整对话框，将鼠标移动到“自然饱和度”选择区域的中间部分，按住鼠标左键，向右拖动三角滑块，将自然饱和度的数值调整为 50，由此可以看到照片的饱和度在精细地增加，使原本无法显示的颜色显现出来。

11 单击面板底部的“创建新的填充或调整图层”按钮，在弹出的菜单中选择“色阶”命令，如图所示。

12 打开“色阶”调整对话框，选择最右边三角滑块（亮部区域），按住鼠标左键向左拖动，增加照片的对比度。此例中，暗部区域设置为 0，亮部区域设置为 229，如图所示。

13 按快捷键“Ctrl+Shift+Alt+E”盖印图层，得到“图层 1”，如图所示。

Part4 艺术化处理

14 按快捷键“Ctrl+J”复制“图层 1”，得到“图层 1 拷贝”图层，如图所示。

15 单击面板底部的“新建图层”按钮，得到“图层 2”，如图所示。

16 按快捷键“M”选择椭圆选框工具，按住 Shift 键在照片上拖出一个椭圆形选框，接着按快捷键“Shift+F7”将选区反选，如图所示。

17 单击前景色，将拾取实色设置为 RGB：20、117、150，或者直接输入数值“#147596”，如图所示。

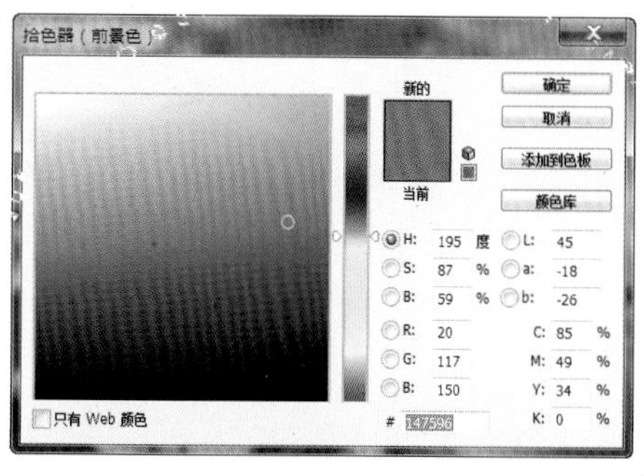

18 按快捷键“Alt+Backspace”填充前景色为深青色，这样就给照片加入了一个椭圆形的边框，整体效果有中式风格，如图所示。

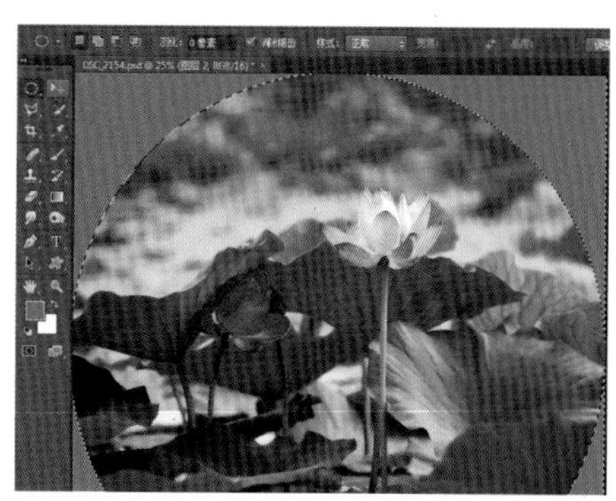

19 合并所有图层，最终效果如图。

02 一枝独秀★★★★

——桃花照片的处理

这张桃花的原片主要选择了侧逆光和长焦镜头加大光圈的方式进行了拍摄。为了突出桃花这个主体，在后期调整的时候，首先对照片的曝光和构图方式进行处理，采用 16 ： 9 的画面呈现方式。调色方面主要利用“色彩平衡”命令进行分层调整。这种方法适合于调整很多类型的照片，读者应该重点掌握，并多加练习，熟练使用。

■后期处理技术要点

■色彩平衡的运用

■ Camera Raw 插件的运用

■高反差保留命令的运用

Part1 RAW 格式初步调整

01 打开 Adobe Photoshop CC 软件，将原始 RAW 格式照片直接拖至画布中，Camera Raw 插件会自动打开原始照片，如图所示。

02 按快捷键“F”将 Camera Raw 插件切换到全屏模式，首先在“基本”选项卡下调整。将鼠标指针移动到曝光参数的中间部分，按住鼠标左键，向右拖动三角滑块，将曝光部分的数值调整为 +0.65，这样能使照片整体提亮。再将对比度部分的数值调整为 +33，高光部分的数值调整为 +23，阴影部分的数值调整为 +100，以提高阴影部分的亮度。接着将白色部分的数值调整为 −9，黑色部分的数值调整为 +51。观察照片，如果发现曝光还不准确，可以再适当调整。然后将清晰度部分的数值增加到 +12，自然饱和度部分的数值增加到 +39，让照片更加鲜艳。最后将色温部分的数值调整到 3650，让色温向蓝色方向移动，效果如图所示。

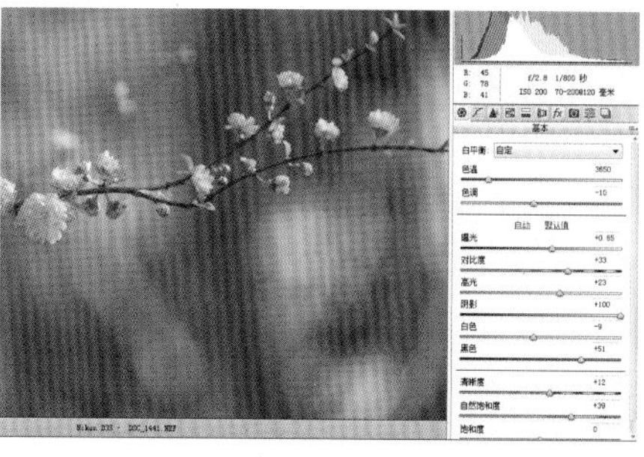

03 第二步骤在“HSL/ 灰度”选项卡下调整，将饱和度中黄色部分的数值增加到 +15，紫色部分的数值增加到 +20，这样可以使照片中黄色和紫色部分变得更加鲜艳，如图所示。

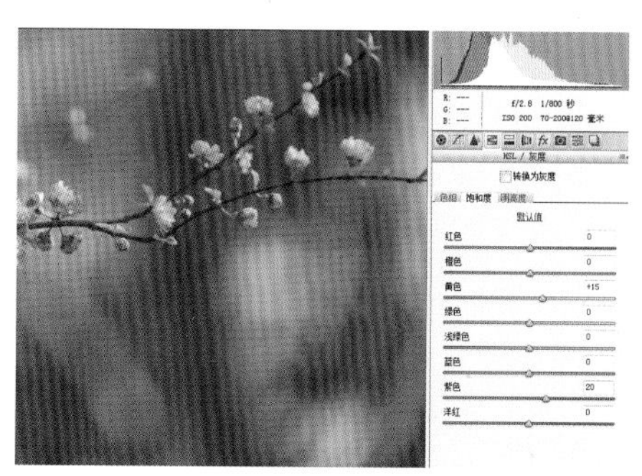

04 第三步骤在“镜头校正”选项卡下调整，选择“手动”下的“水平：仅应用水平校正”选项，将照片整体进行水平校正，效果如图所示。

05 第四步骤在工具栏上选择裁切工具，按照 16 ： 9 的方式进行照片的裁切。等全部调整结束后，单击照片下方的“打开图像”按钮，则照片会自动转换成 JPG 格式并在 Photoshop 中打开，效果如图所示。

06 按快捷键“Ctrl+J”复制“背景”图层，得到“图层 1”，对原片进行备份，如图所示。

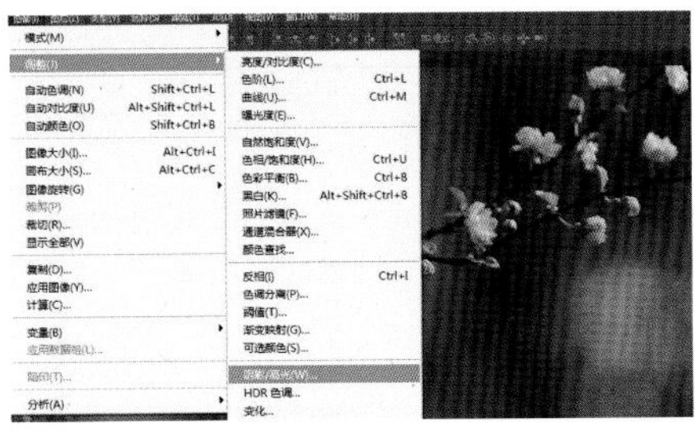

Part2 阴影 / 高光处理

07 执行“图像 > 调整 > 阴影 / 高光”命令，目的是对照片中的阴影和高光进行调整处理，如图所示。

08 打开“阴影 / 高光”调整对话框，将阴影数量调整至 30%，色调宽度为 50%，半径为 30 像素，则照片中的阴影区域被提亮。继续调整高光的部分，数量保持不变，色调宽度调整为 50%，半径为 30 像素，以此稍微增加一点照片的亮度，效果如图所示。

09 单击面板底部的“创建新的填充或调整图层”按钮，在弹出的菜单中选择“色阶”命令，如图所示。

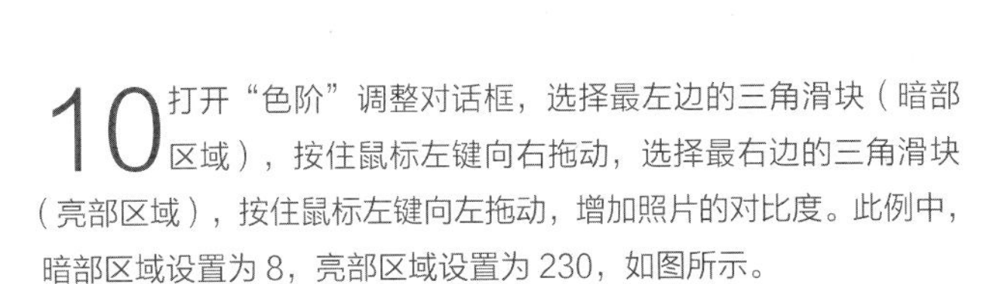

10 打开“色阶”调整对话框，选择最左边的三角滑块（暗部区域），按住鼠标左键向右拖动，选择最右边的三角滑块（亮部区域），按住鼠标左键向左拖动，增加照片的对比度。此例中，暗部区域设置为 8，亮部区域设置为 230，如图所示。

Part3 色调处理

11 单击面板底部的“创建新的填充或调整图层”按钮，在弹出的菜单中选择“自然饱和度”命令，如图所示。

12 打开“自然饱和度”调整对话框，将鼠标移动到自然饱和度选择区域的中间部分，按住鼠标左键，向右拖动三角滑块，将自然饱和度的数值调整为 +70，可以看到照片的饱和度在精细地增加，使原本无法显示的颜色显现出来。

13 单击面板底部的“创建新的填充或调整图层”按钮，在弹出的菜单中选择“色彩平衡”命令，如图所示。

14 “色彩平衡”命令主要用于对照片的色彩进行调整，增加照片中缺少的颜色元素，加强照片中想要突出的颜色。本例先对照片中阴影的部分进行色彩调整。在“色彩平衡”对话框的“色调”选项栏中选择“阴影”选项，将鼠标指针移动到青色与红色选择区域的中间部分，按住鼠标左键向左拖动三角滑块，将色阶部分的数值调整到 -40，对照片中的阴影部分增加一些青色。同理追加阴影中的绿色到 +30，蓝色到 +5，效果如图。

15 在 Photoshop CC 左侧的工具栏中将前景色设置为黑色，然后再选择画笔工具，设置合适的画笔大小，不透明度设置为 80%。然后用黑色画笔擦除照片中桃花的部分，使其不受上一步骤调色的影响，只对背景部分进行调色处理，如图所示。

16 继续单击面板底部的“创建新的填充或调整图层”按钮，在弹出的菜单中选择“色彩平衡”命令，如图所示。

17 在“色调”选项栏中选择“高光”，先将青色与红色选择区域色阶部分的数值调整到 -4，为照片的高光部分增加一些青色。再将洋红与绿色选择区域色阶部分的数值调整到 -50，为照片中的高光部分增加一些洋红。最后将黄色与蓝色选择区域色阶部分的数值调整到 -8，为照片中的高光部分增加一些黄色。

18 在 Photoshop CC 左侧的工具栏中将前景色设置为黑色，背景色设置为白色，选择画笔工具，设置合适的画笔大小，不透明度设置为 80%。然后在照片中擦除背景部分，使其不受刚才色彩平衡命令的影响。这种做法叫作分层调整，一个图层调整背景部分，另一个图层调整桃花部分，以增加调色的效率，效果如图所示。

Part4 锐化处理

19 按快捷键“Ctrl+Shift+Alt+E”盖印图层，得到“图层 2”，如图所示。

20 执行“渲染 > 高反差保留”命令，目的是做锐化，提高照片的清晰度，如图所示。

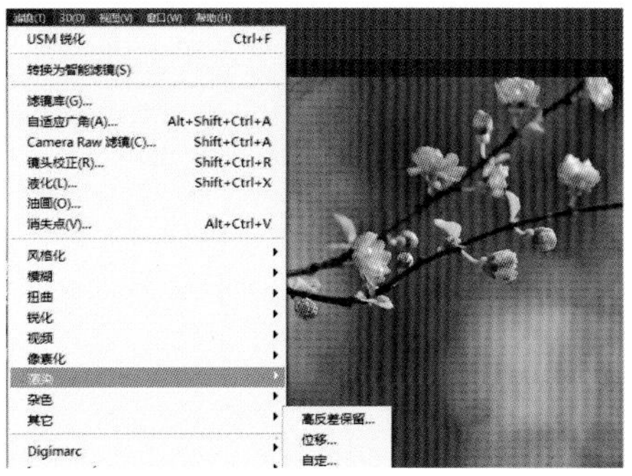

21 打开“高反差保留”对话框，将高反差保留半径更改为 1.0 像素，如图所示。

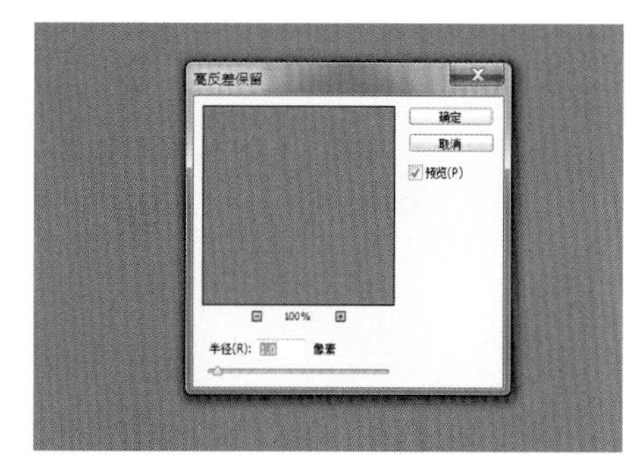

22 将“图层 2”的混合模式更改为“柔光”，不透明度更改为 100%，屏蔽灰色，达到锐化的目的，效果如图所示。

23 合并所有图层，最终效果如下图。

03 韵律之美★★★★

——树木照片的处理

在拍摄树木照片的时候为了表现高大的效果一般采用广角拍摄。树木照片的后期处理和风光照片的处理很相似，思路也非常简单，但是在这个案例中我们介绍的并不是通用的方法，而是将照片做成了油画效果，并追加了饱和度，调整了色调，让树木照片也可以表现出一种与众不同的效果。

■后期处理技术要点

■油画命令的运用

■自然饱和度的运用

■可选颜色命令的运用

■色阶的运用

Part1 RAW 格式初步调整

01 打开 Adobe Photoshop CC 软件，将原始 RAW 格式照片直接拖至画布中，Camera Raw 插件会自动打开原始照片，如图所示。

02 按快捷键“F”将 Camera Raw 插件切换到全屏模式，主要在“基本”选项卡下调整。先将鼠标指针移动到曝光参数的中间部分，按住鼠标左键向右拖动三角滑块，将曝光部分的数值调整为 +0.15，这样能使照片整体提亮。再将对比度部分的数值调整为 +27，高光部分的数值调整为 −100，阴影部分的数值调整为 +64，白色部分和黑色部分的数值保持不变。然后观察照片，如果发现曝光还不准确，可以再适当调整。接着将清晰度部分的数值增加到 +8，自然饱和度部分的数值增加到 +55，让照片更加鲜艳。最后将色温部分的数值调整到 5800，色调部分的数值调整为 +4，让色温还原更准确。操作完成后单击照片下方的“打开图像”按钮，则照片会自动转换成 JPG 格式并在 Photoshop 中打开，效果如图所示。

03 按快捷键“Ctrl+J”复制“背景”图层，得到“图层 1”，对原片进行备份，如图所示。

Part2 油画效果的处理

04 执行“滤镜 > 油画”命令，其目的是对照片做油画效果的处理，如图所示。

05 打开“油画”对话框，将画笔的描边样式更改为 4，描边清洁度设置为 2.3，缩放设置为 0.8，硬毛刷细节设置为 10，光照角方向更改为 300，闪亮更改为 1.3。注意每一张照片不同，这里调整的参数也不尽相同，读者应根据照片情况设置不同的参数，可在左侧预览观看效果，以便及时更改调整参数。

06 在“图层 1”上单击鼠标右键选择“转换为智能对象”命令，将“图层 1”转换为“智能图层”，方便我们以后更改油画的参数，如图所示。

Part3 整体亮度和饱和度的处理

07 单击面板底部的“创建新的填充或调整图层”按钮，在弹出的菜单中选择“色阶”命令，如图所示。

08 打开“色阶”调整对话框，选择暗部区域和亮部区域的滑块向中间拖动，其目的是增加照片的对比度，参数分别为 4、1.00、233，效果如图所示。

09 单击面板底部的“创建新的填充或调整图层”按钮，在弹出的菜单中选择“自然饱和度”命令，如图所示。

10 打开“自然饱和度”调整对话框，将鼠标移动到自然饱和度选择区域的中间部分，按住鼠标左键向右拖动三角滑块，将自然饱和度的数值调整为 +100，可以看到照片的饱和度在精细地增加，使原本无法显示的颜色显现出来。

11 继续单击面板底部的“创建新的填充或调整图层”按钮，在弹出的菜单中选择“自然饱和度”命令，如图所示。

12 打开“自然饱和度”调整对话框，将自然饱和度的数值调整为 +40，以继续追加照片的饱和度，其目的是让照片的色彩显得更加鲜艳。

13 单击面板底部的“创建新的填充或调整图层”按钮，在弹出的菜单中选择“曲线”命令，如图所示。

14 打开“曲线”调整对话框，把鼠标指针移动到曲线上相应的部分，按住鼠标左键向上方缓缓移动，可以看到照片渐渐变亮，同时颜色的饱和度也会有所增加。此例中，输入值设置为 102，输出值设置为 123，如图所示。

Part4 色调处理

15 单击面板底部的“创建新的填充或调整图层”按钮，在弹出的菜单中选择“可选颜色”命令，如图所示。

16 对照片中黄色的部分进行色彩调整，将鼠标指针移动到青色选择区域的中间部分，按住鼠标左键，向左拖动三角滑块，将青色部分的数值调整为 -15%，对照片中的黄色部分追加一些红色；黄色部分的数值调整为 +100%，对照片中的黄色部分继续追加一些黄色，如图所示。

17 接着再对照片中白色的部分进行色彩调整，将鼠标指针移动到青色选择区域的中间部分，按住鼠标左键向右拖动三角滑块，将青色部分的数值调整为 +55%，对照片中的白色部分追加一些青色，其他参数保持不变，如图所示。

18 合并所有图层，最终效果如下图。

04 鹤骨松筋★★★

——雪松照片的处理

在外出拍摄时，我们经常会拍出一些没有任何云彩，或者天空色彩不理想的照片，让人觉得很头疼，更不知道后期该用哪种方法调整更理想，这里我们为读者介绍一种操作既简单效果又好的方法供大家参考学习。

■后期处理技术要点

- 合成的运用
- 污点去除的运用
- 暗角的制作
- Camera Raw 插件的运用

Part1 RAW 初步调整

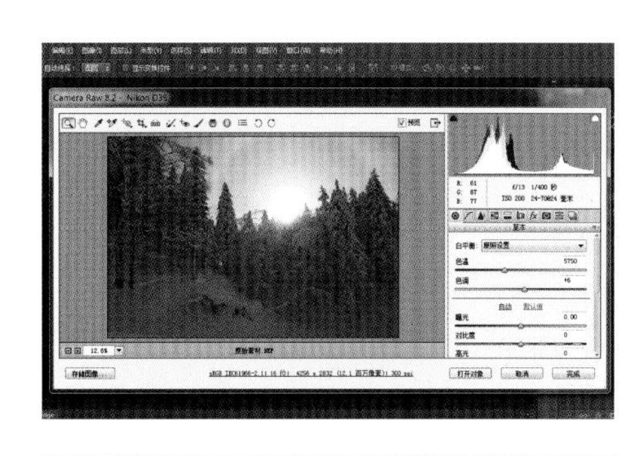

01 打开 Adobe Photoshop CC 软件，将原始 RAW 格式照片直接拖至画布中，Camera Raw 插件会自动打开原始照片，如图所示。

02 按键盘上的快捷键“F”将 Camera Raw 插件切换到全屏模式，将直方图上方的“高光修剪警告”和“阴影修剪警告”都打开，首先调整照片的亮度和对比度，将曝光降低到 -0.35，对比度增加到 +25，高光降低为 -70，阴影增加到 +100，白色增加到 +30，黑色降低为 -10。然后观察照片，如果发现曝光不足，还可以再调整，效果如图所示。

03 现在开始进行第二步骤，调整照片的色温，将色温调整为 4500，色调调整为 5，让整张片子的颜色偏向一点蓝色，有冷色调的感觉，如图所示。

04 接下来第三步骤将清晰度增加到 +30。然后再调整自然饱和度，将其增加到 50，让照片更加鲜艳，效果如图所示。

05 第四步骤在“HSL/ 灰度”选项卡下调整，将蓝色饱和度增加到 20，提升一点蓝色的饱和度，其他参数保持不变。等全部调整结束后，单击照片下方的“打开图像”按钮，退出插件。

Part2 去除污点

06 此时可以看到软件会自动打开转换好的 JPG 格式文件，如图所示。

07 按键盘上的快捷键“Ctrl+J”复制“背景”图层，得到“图层 1”，对原片进行备份，如图所示。

08 在工具箱上选择修补工具，设置适当的画笔大小，勾选出杂点。按住鼠标不放，然后将其拖动到和选区内最为接近的像素处，松开鼠标，则该像素将替换选区内杂点的像素，由此修除了照片上由于镜头不干净而拍摄出的杂物，修饰效果如图所示。

Part3 云彩合成

09 执行“文件 > 打开”命令，打开云彩的素材，进行天空的合成操作。

10 此时可以看到打开的云彩素材，选择移动工具，将其拖到画布中，如图所示。

11 调整云彩素材到画布的右上角，覆盖住天空，然后将此图层的混合模式更改为“叠加”，其目的是让天空与树木的边缘能更好地进行混合。“叠加”模式可增强照片的颜色，并保持底色照片的高光和阴影，所以这里选择了“叠加”模式，大家也可以使用“正片叠底”模式进行合成。选用哪种模式最为理想取决于下层照片本身的像素分布情况。

12 单击“图层”面板底部的“添加图层蒙版”按钮，得到白色的蒙版，将前景色设置为黑色，背景色设置为白色，选择画笔工具，设置合适的画笔大小，硬度为 0%，不透明度为 80%。然后擦除不需要的区域，注意云彩素材与画布的边缘处要擦拭干净。

13 继续将云彩图层复制一层，并将此图层的混合模式更改为“柔光”，不透明度设为 30%。至于是减暗还是提亮画面颜色，取决于上层颜色信息，产生的效果类似于为照片打上一盏散射的聚光灯，以增加柔化效果。

14 按键盘上的快捷键“Ctrl+Shift+Alt+E”盖印图层，得到“图层 3”，如图所示。

Part4 追加暗角效果

15 执行“滤镜 > 镜头校正”命令，目的是制作出照片四周暗角的效果。

16 打开“镜头校正”对话框，在“自定”面板下，将晕影数量更改为 -100，效果如图所示。

Part5 锐化效果

17 按键盘上的快捷键“CTRL+J”复制“图层 3”，得到“图层 3 拷贝”图层，对图层进行复制，如图所示。

18 执行“滤镜 > 其他 > 高反差保留”命令，目的是做锐化，提高照片的清晰度。

19 设置高反差保留半径为 1 像素，效果如图所示。

20 将“图层 3 拷贝”图层的混合模式更改为“柔光”，屏蔽灰色，达到锐化的目的。

21 合并所有图层，最终效果如下图。

05 蜻蜓展翅★★★★

——昆虫照片的处理

昆虫照片一般采用长焦镜头加大光圈或者微距镜头进行拍摄，使背景虚化效果良好。我们在后期处理这类照片的时候主要调整照片的亮度、对比度、色调、背景虚化和艺术化效果，利用的也是常用到的工具，读者比较容易把握。

■后期处理技术要点

- 可选颜色的运用
- 高斯模糊的运用
- 椭圆形选框工具的运用
- 色阶的运用

Part1 亮度对比度调整

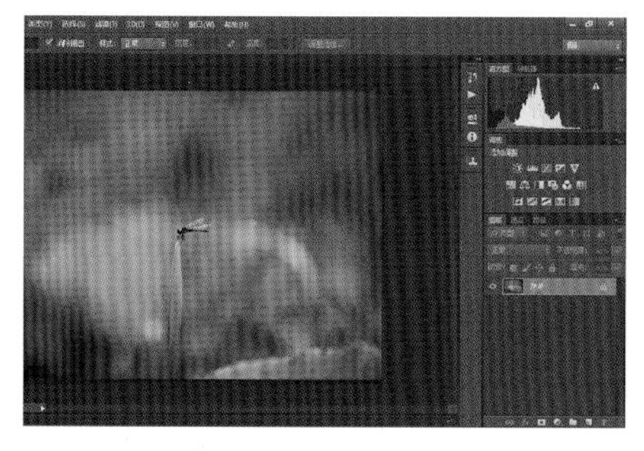

01 打开 Adobe Photoshop CC 软件，将原始 RAW 格式照片直接拖至画布中，Camera Raw 插件会自动打开原始照片，如图所示。

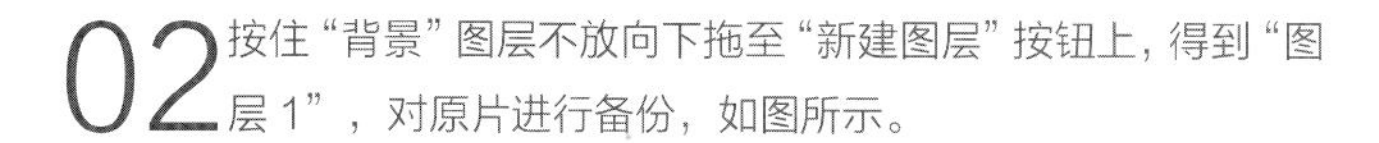

02 按住“背景”图层不放向下拖至“新建图层”按钮上，得到“图层 1”，对原片进行备份，如图所示。

03 单击面板底部的“创建新的填充或调整图层”按钮，在弹出的菜单中选择“色阶”命令，如图所示。

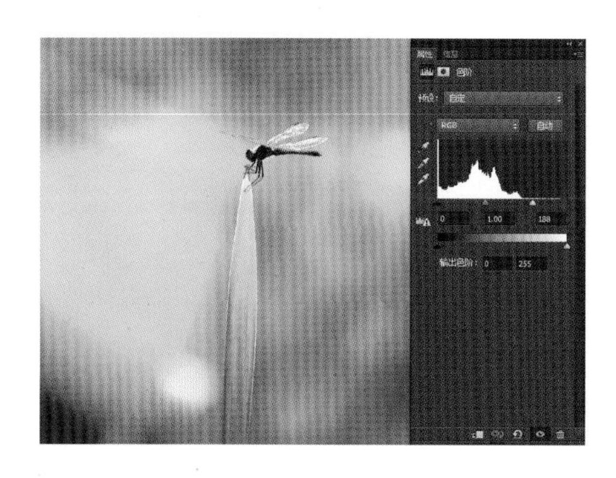

04 打开“色阶”调整对话框，选择最右边的滑块（亮部区域）向中间拖动，以增加整个画面的亮度。在照片窗口可以看到照片变亮，参数分别为 0、1.00、188，效果如图所示。

05 单击面板底部的“创建新的填充或调整图层”按钮，在弹出的菜单中选择“亮度 / 对比度”命令，如图所示。

06 将鼠标移动到亮度选择区域的中间部分，按住鼠标左键，向左拖动三角滑块，将亮度的数值调整为 -7，将对比度的数值调整为 42，增强照片明暗之间的对比度。

Part2 色调处理

07 单击面板底部的“创建新的填充或调整图层”按钮，在弹出的菜单中选择“自然饱和度”命令，如图所示。

08 打开“自然饱和度”调整对话框，将鼠标移动到自然饱和度选择区域的中间部分，按住鼠标左键，向右拖动三角滑块，将自然饱和度的数值调整为 +80，可以看到照片的饱和度在精细地增加，使原本无法显示的颜色显现出来。

09 单击面板底部的“创建新的填充或调整图层”按钮，在弹出的菜单中选择“可选颜色”命令，如图所示。

10 打开“可选颜色”调整对话框，本例先对照片中绿色的部分进行色彩调整，将鼠标指针移动到青色选择区域的中间部分，按住鼠标左键，向右拖动三角滑块，将青色部分的数值调整为 +90%，对照片中的绿色部分追加一些青色；洋红部分的数值调整为 +25%，对照片中的绿色部分追加一点洋红；黄色部分的数值调整为 10%，对照片中的绿色部分追加一点黄色，如图所示。

11 继续对照片中黄色的部分进行色彩调整，将鼠标指针移动到青色选择区域的中间部分，按住鼠标左键，向右拖动三角滑块，将青色部分的数值调整为 40%，对照片中的黄色部分追加一些青色；洋红部分的数值调整为 -20%，对照片中的黄色部分降低一些洋红；黄色部分的数值调整为 +100%，对照片中的黄色部分继续追加一点黄色，让照片更加偏暖色调，如图所示。

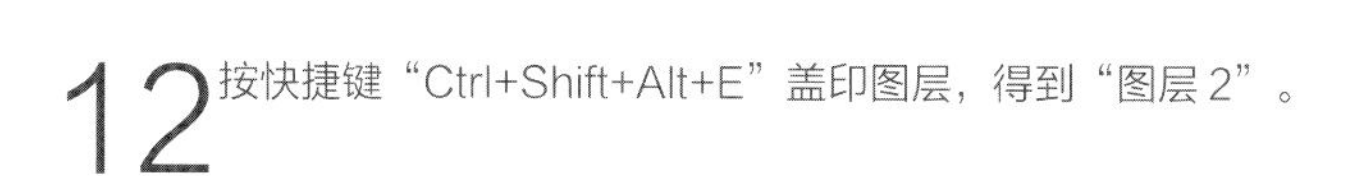

12 按快捷键“Ctrl+Shift+Alt+E”盖印图层，得到“图层 2”。

Part3 背景虚化处理

13 执行“滤镜 > 模糊 > 高斯模糊”命令，如图所示。

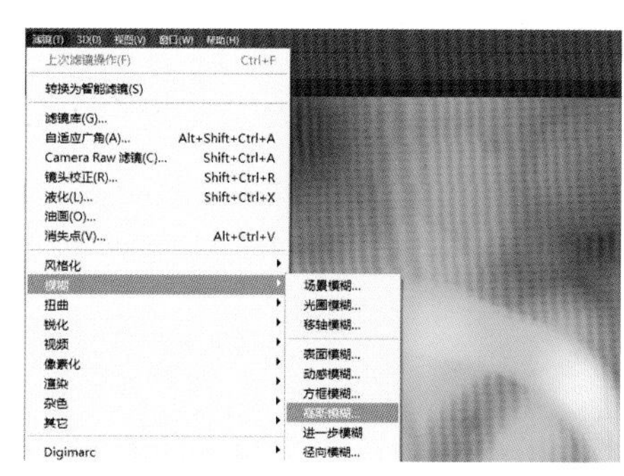

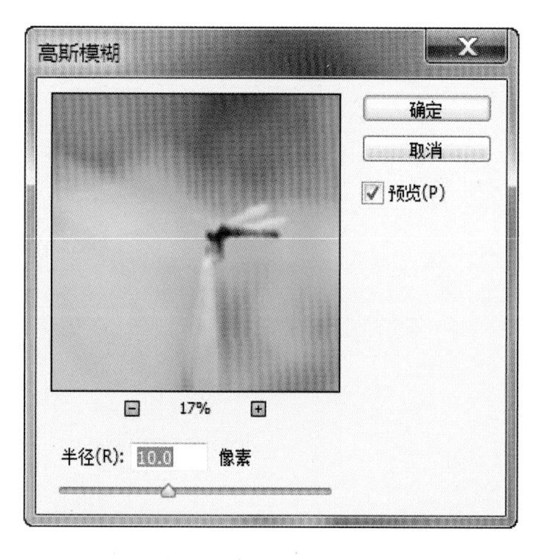

14 打开“高斯模糊”对话框，将高斯模糊半径更改为 10.0 像素，如图所示。

15 单击“图层”面板底部的“添加图层蒙版按钮”，得到白色的蒙版，将前景色设置为黑色，背景色设置为白色，选择画笔工具，设置合适的画笔大小，硬度为 0%，不透明度为 80%。然后擦除蜻蜓部分，使其不受“高斯模糊”命令的影响，目的是增强大光圈虚化的效果。

16 按快捷键“Ctrl+Shift+Alt+E”盖印图层，得到“图层 3”，如图所示。

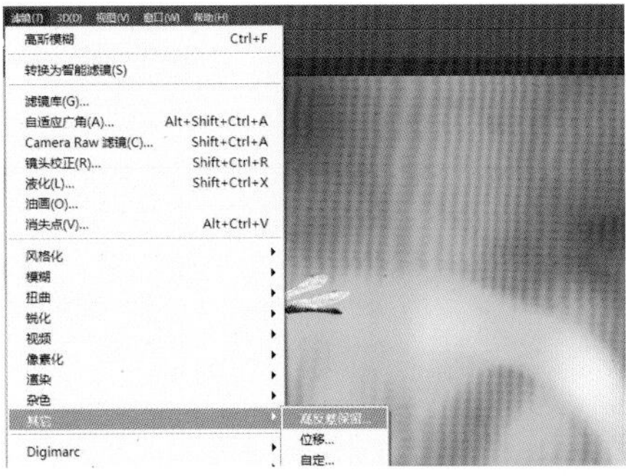

Part4 锐化处理

17 执行“滤镜 > 其他 > 高反差保留”命令，目的是做锐化，增加照片的清晰度，如图所示。

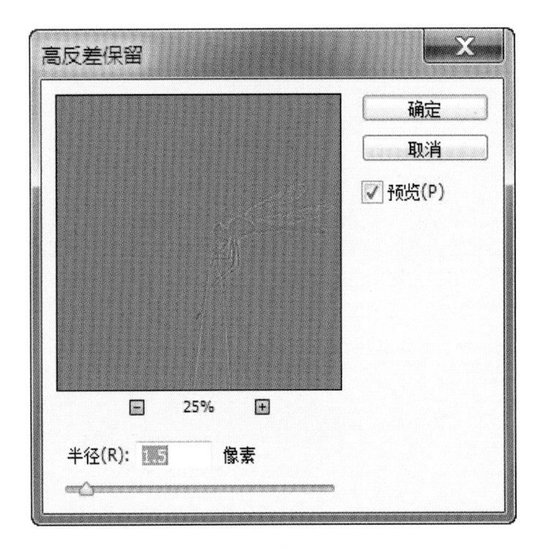

18 打开“高反差保留”对话框，将高反差保留半径更改为 1.5 像素，数值不宜过大，如图所示。

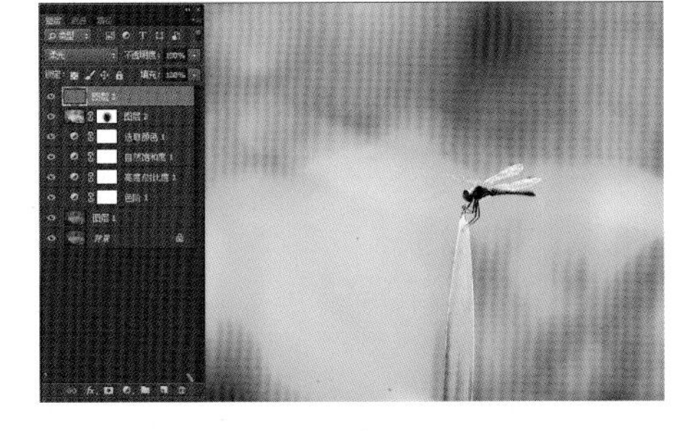

19 将“图层 3”的混合模式更改为“柔光”或者“叠加”，不透明度设为 100%，屏蔽灰色，达到锐化的目的，效果如图所示。

Part5 构图和艺术化处理

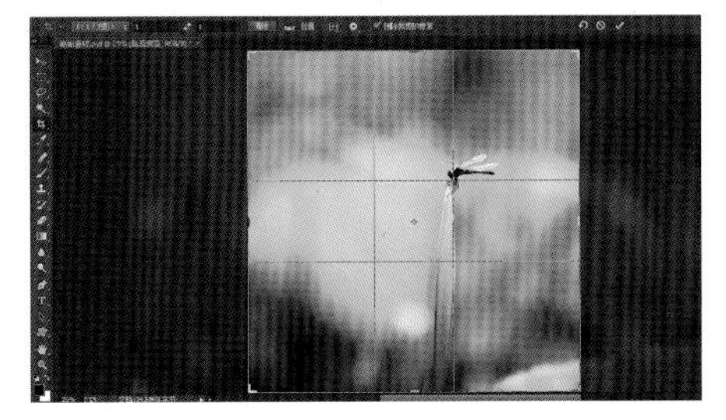

20 这个时候我们感觉照片的构图并不是很完美，所以我们利用裁切工具选择预设的“1 ：1（方形）”模式将照片裁切成方形的效果，如图所示。

21 单击前景色，打开“拾色器”对话框，将颜色设置为绿色(RGB:45、166、0)，或者直接输入数值“#2da600”，如图所示。

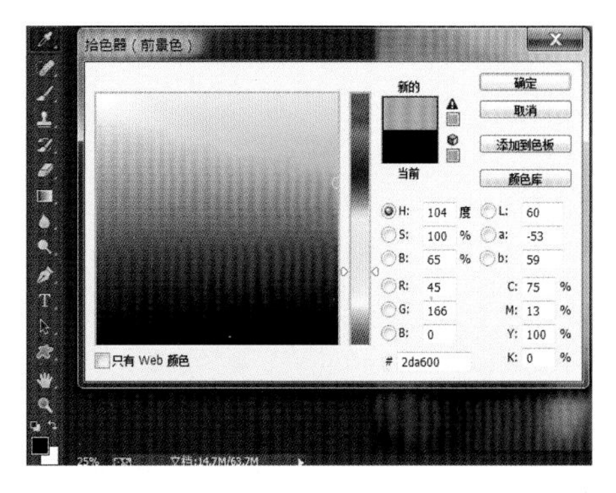

22 单击面板底部的“新建图层”按钮，得到“图层 4”，如图所示。

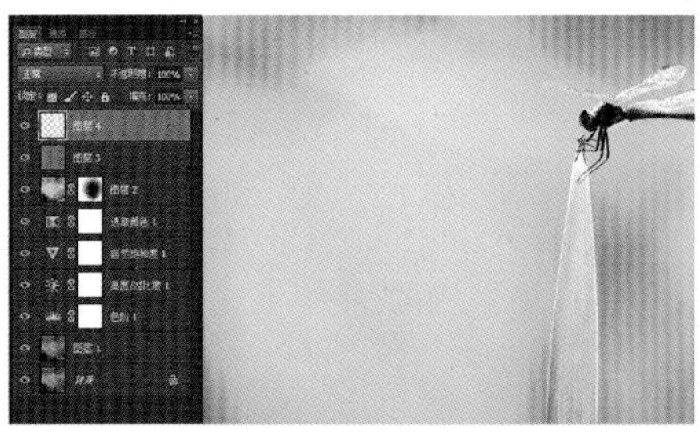

23 在工具箱上选择椭圆形选框工具，按住 Shift 键在照片上拖出一个正圆选区，如图所示。

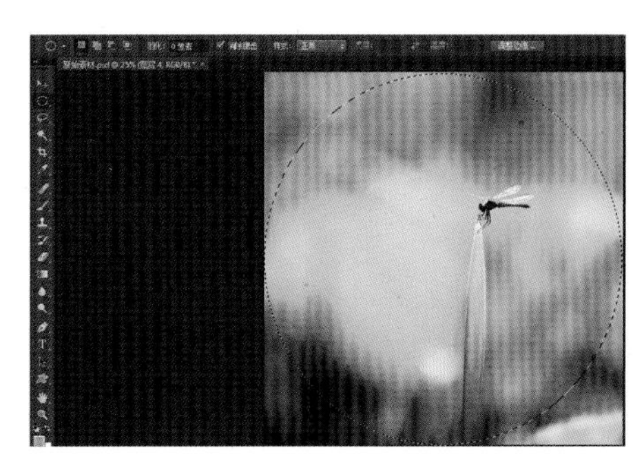

24 在选区上按鼠标右键选择“选择反向”命令，目的是将选区反选，如图所示。

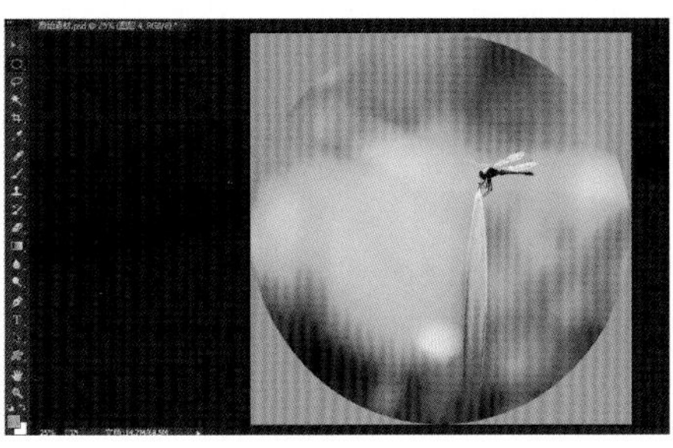

25 按快捷键“Alt+Backspace”将前景色填充至选区中，得到一种唯美的类似中国画的效果，如图所示。

26 合并所有图层，最终效果如下图。

图书在版编目（CIP）数据

PHOTOSHOP CC摄影后期必备技法 / 耿洪杰著. -- 北京 : 中国摄影出版社, 2015.4
ISBN 978-7-5179-0278-2

Ⅰ. ①P… Ⅱ. ①耿… Ⅲ. ①图象处理软件 Ⅳ. ①TP391.41

中国版本图书馆CIP数据核字（2015）第078930号

PHOTOSHOP CC摄影后期必备技法
作　　者：耿洪杰
出 品 人：赵迎新
责任编辑：丁　雪
策划编辑：黎旭欢
封面设计：衣　钊
出　　版：中国摄影出版社
地址：北京东城区东四十二条48号　邮编：100007
发行部：010-65136125 65280977
网址：www.cpph.com
邮箱：distribution@cpph.com
印　　刷：北京印匠彩色印刷有限公司
开　　本：16
印　　张：13.5
版　　次：2015年7月第1版
印　　次：2016年4月第2次印刷
ISBN 978-7-5179-0278-2
定　　价：68.00元